Christian Kubik

Schnelle Pflanzen für naturnahe Gärten

Inhalt

Vorwort

Lieber Gartenfreund, liebe Gartenfreundin!

Haben Sie ein Haus gebaut, oder nennen Sie ein Reihenhaus Ihr Eigen und stehen nun vor Ihrem pflanzenlosen, kahlen Garten? Träumen Sie von einem Ort der Geborgenheit und Entspannung mit Schutz vor Blicken, Wind und Sonne, üppigem, saftigem Grün rundum, Obst, Gemüse und Kräuter frisch für Ihre Küche? Möchten Sie einen möglichst robusten, widerstandsfähigen Rasen, auf dem man bedenkenlos spielen und feiern kann? Oder haben Sie vielleicht eine Terrasse, auf der Sie nicht völlig schutzlos Wind und Sonne ausgesetzt sein wollen? Und sollen all Ihre Wünsche auch noch so schnell als möglich umgesetzt werden? Dann halten Sie nun das richtige Buch in Ihren Händen!

Heute findet man leider kaum mehr Grundstücke mit einem Altbestand an Sträuchern und Bäumen. Baugesellschaften und Genossenschaften lassen aus Kostengründen lediglich Grassamen auf meist unzureichenden Böden einstreuen. Aus diesen Gründen ist oftmals eine schnelle Begrünung gefragt. Schließlich möchte man sich ja nicht ins Kaffeehäferl blicken lassen, auch einmal im Schatten Ruhe finden und nach einem Regen nicht im Schlamm versinken müssen.

Vorweg gesagt, Natur braucht Zeit zur Entwicklung und ist ständigen Veränderungen unterworfen, ein richtiger Naturgarten daher auch nie wirklich fertig. Aber durch die richtige Pflanzenwahl und Kombination, sowie mit einigen Tricks, lässt sich der Traum vom schnellen Gartenglück leicht verwirklichen.

Hier erhalten Sie einen Überblick über verschiedene Möglichkeiten, einen naturnahen Garten oder eine Terrasse rasch und nachhaltig zu begrünen. Sie finden auch Vorschläge zur Bepflanzung einzelner Gartenbereiche und eine Reihe nützlicher Tipps, speziell für kleine Gärten und Terrassen.

In diesem Sinne wünsche ich Ihnen vergnügliche Stunden beim Schmökern ebenso wie beim Umsetzen der zahlreichen Anregungen und Ratschläge in Ihrem Naturgarten!

Christian Kubik

Wien, im Juli 2007

Der rasche Weg zu üppigem Grün

Wenn Sie einen Garten oder eine Terrasse Ihr Eigen nennen, dieses Refugium jedoch derzeit noch einer Mondlandschaft gleicht und Sie sich nichts sehnlicher wünschen, als bereits Ihr eigenes Paradies nutzen zu können, gibt es unterschiedliche Vorgehensweisen zur Verwirklichung. Sie können warten, was von selbst entsteht, einfach pflanzen, was Ihnen gefällt, oder aber gezielt Pflanzen und Methoden wählen, die möglichst rasch zur Verwirklichung Ihrer Grünträume beitragen.

Grünräume schneller schaffen

Schnelle Begrünung braucht man oft aus verschiedenen Gründen, als Schutz vor Blicken, Sonne, Wind und Emissionen, für eine robuste Grünfläche zum Spielen und Feiern, um bald Ernteerfolge zu erzielen, oder um einfach rascher das Refugium Garten mit seinen Farben und Düften genießen zu können.

Um rasch den Wunsch nach Begrünung zu erfüllen, sind einige Voraussetzungen zu beachten, welche, mit hilfreichen Tipps, zum gewünschten Erfolg beitragen. Pflanzen sind Lebewesen und brauchen grundsätzlich Zeit zum Wachsen und Gedeihen. Anders als Möbelstücke kann man sie nicht einfach nur an den gewünschten Platz stellen, sondern muss die Entwicklungszeit und die Bedürfnisse berücksichtigen, damit der gewünschte Effekt, wie Sicht- oder Lärmschutz, erzielt werden kann.

Die Glockenrebe wächst buchstäblich in den Himmel.

Schnell – gewusst wie

Jede Pflanze wächst aber nicht gleich, oder gleich schnell. Auch die Lebensdauer der Pflanzen ist unterschiedlich, und so kann man sich, um den Prozess einer schnellen Begrünung zu beschleunigen, die individuellen Eigenschaften der verschiedenen Arten zunutze machen. Einjährige Pflanzen erfüllen beispielsweise die Anforderungen an raschen Wuchs, Blüte und Frucht meist sehr gut, wie wir von den zahlreichen Sommerblumen wissen. Ebenso können Pflanzen, welche eher als Unkräuter bekannt sind, wie Disteln, Klee, Gänseblümchen, Girsch etc. schneller zu einer bodendeckenden Begrünung führen.

Spitzenreiter bei schnellwüchsigen Pflanzen ist die einjährige Glockenrebe *(Cobaea scandens)*, sie wächst bis 6 m in einem Jahr und mehr. Mit dieser Pflanze kann man schnell dichte und hohe Laubwände erhalten. Aber auch mehrjährige Gehölze wie die Schwarzpappel *(Populus nigra)* schaffen bis zu 4 m pro Jahr und können so für raschen Schutz sorgen.

Vorsprung durch Solitärpflanzen

Eine schnellere Begrünung erreicht man natürlich auch durch das Anpflanzen von bereits größeren, älteren Pflanzen, was jedoch nicht nur bei sehr großen Solitären eine Kostenfrage darstellt. In einigen Fällen kann es sich jedoch schon einmal auszahlen, eine bereits größere Pflanze zu kaufen, um schneller einen Schattenplatz zu erhalten, oder noch rascher vor Wind und Staub geschützt zu sein. Größere Exemplare sind meist nur bei mehrjährigen Gehölzen, Bäumen und fallweise auch bei Stauden erhältlich. In diesem Buch stehen jedoch in erster Linie die allgemeinen Methoden der schnellen Begrünung, wie die Bodenvorbereitung, die optimale Nährstoffversorgung und die richtige Pflanzenauswahl im Vordergrund. Einfach, schnell und kostengünstig, aber ebenso schnell und erfolgreich geht es zum Beispiel mit einer Reihe von einjährigen Pflanzen, die sich teilweise extrem rasch entwickeln und binnen kurzer Zeit eine üppige Vegetation ergeben.

Das Büschelschön ist Gründüngung und Bienenweide.

Die Ringelblume blüht schon im ersten Jahr.

TIPP **Säen Sie auf Ihren Baustellen- oder unbearbeiteten Gartenboden Gelbsenf *(Sinapis alba)* aus. Damit lockern Sie stark verdichteten Boden. Senf wirkt positiv gegen Pilzkrankheiten und bildet rasch eine Bodenbegrünung für ein Jahr. Die Pflanzenreste können im Herbst als Gründüngung eingearbeitet (gegraben, oder gefräst) werden, das schafft gute Voraussetzungen für nachfolgende Bepflanzungen.**

Nur einen Sommer lang

Einjährige Pflanzen brauchen für ihre Entwicklung vom Samen bis zur ausgewachsenen Pflanze und dem Blühen und Fruchten nur eine Vegetationsperiode, also etwa ein Jahr, und entstehen jedes Jahr neu aus dem Samen. Sie sind die Turbobegrüner unter den Pflanzen, da sie auf Grund ihrer kurzen Lebensdauer sehr rasch wachsen, was zur schnellen Begrünung von Vorteil ist. Der Nachteil dabei ist, dass man diese jedes Jahr aufs Neue ansetzen bzw. aussäen muss. Manche Arten säen sich auch von selbst wieder aus, wenn man die Fruchtstände nicht entfernt und überdauern den Winter als Samen – auf oder in der Erde – und keimen im Frühjahr wieder aus. Dies kann man sich bei Bodendeckern und Gräsern, speziell auch bei der Dachbegrünung, zunutze machen.

Vielfalt der Sommerblumen

Einjährige Pflanzen stehen in großer Vielfalt zur Verfügung, es gibt darunter ebenso viele Grün- wie auch Blütenpflanzen. Die meisten bei uns gebräuchlichen Sommerblumen wie die Ringelblume *(Calendula officinalis)* oder der Sommerphlox *(Phlox drummondii)* zählen dazu. Bohnen und Winden seien an dieser Stelle erwähnt, als Schlingpflanzen, die sich bestens für raschen Sichtschutz eignen. Nicht alle Einjährigen wachsen aber wirklich üppig, es gibt darunter auch Arten, die zart und kleinwüchsig bleiben wie z.B. das Hungerblümchen *(Erophila verna),* das kaum 5 cm groß wird.

TIPP **Ziehen Sie einjährige Pflanzen im Februar selbst aus Samen im Zimmer oder Folienhaus vor, dann erhalten Sie schneller buschig wachsende und blühende Gewächse. Die Samen können Sie im Herbst davor selbst sammeln, das spart auch noch Kosten.**

Die Königskerze blüht erst im zweiten Jahr.

Blüte im zweiten Jahr

Zweijährige Pflanzen haben einen Lebenszyklus von zwei Jahren. Im ersten Jahr bilden sie meist Stängel und Blätter aus und erst im zweiten Jahr Blüten, Früchte und Samen. Auch unter ihnen gibt es Rekordhalter im Wachstum. So wird die seit Jahrhunderten bekannte Heilpflanze gegen Rheuma und Appetitlosigkeit, die Erzengelwurz *(Angelica archangelica)* an feuchten Standorten bis 2 m hoch. Ein weiterer Vertreter ist die ebenfalls als Heilpflanze bekannte Königskerze (*Verbascum densiflorum* und andere Arten), die eine Höhe von über 1 m erreicht.

TIPP **Setzen Sie zweijährige Pflanzen im ersten Jahr zwischen Sommerblumen. Da sie erst im zweiten Jahr die volle Größe erreichen, überbrücken sie so das erste Entwicklungsjahr als Lückenfüller, um in der darauf folgenden Vegetationsperiode ihre volle Pracht zu entfalten.**

Mehrjährig und ausdauernd

Mehrjährige Pflanzen sind ausdauernde Gewächse, zu denen Stauden ebenso wie Gehölze und Bäume zählen. Sie wachsen meist langsamer als ein- und zweijährige Arten, jedoch gibt es auch unter ihnen schnell wachsende Arten, wie die Pappeln oder die Korb- oder Flechtweide *(Salix viminalis)*, die Ruten bis 3 m pro Jahr treiben kann. Weiden haben zudem noch den Vorteil, dass man sie aus Steckhölzern leicht selbst ziehen kann. Aus der Vielzahl der mehrjährigen Arten werden in diesem Buch die schnellwüchsigen hervorgehoben und beschrieben.

Mehrjährige Pflanzen haben den Vorteil, nur einmal gesetzt werden zu müssen. Bei Einhaltung der Pflanzenansprüche an den jeweiligen Standort vorausgesetzt, geben sie sich mit geringem Pflegeaufwand wie Mulchen, Düngen, fallweisem Rückschnitt und Bewässerung bei länger anhaltender Trockenheit zufrieden. Zu empfehlen ist eine Kombination mit einjährigen Pflanzen, da Sie damit mehr Schwung und Abwechslung in Ihre Gartengestaltung bringen.

Turbovermehrung mit Steckhölzern

Schneiden Sie von Februar bis März von unbelaubten Pflanzen etwa 30–40 cm lange kräftige Stücke von den Trieben des Vorjahres, wobei der Schnitt dicht unterhalb einer Knospe erfolgen soll. Kürzen Sie diese auf 20 cm ein, indem Sie die Spitze entfernen und stecken Sie diese Steckhölzer zu zwei Drittel direkt an die Pflanzstelle in die Erde. Sie können diese aber auch in ein Beet im Abstand von 10–20 cm stecken und im Herbst mit einer Spatengabel vorsichtig ausstechen, um sie dann an die Verwendungsstelle zu setzen. Dabei werden die Wurzeln zu einem Drittel eingekürzt. Für diese Methode eignen sich sehr gut Weiden, Forsythien, Johannisbeeren, Weinreben (auch Wilder Wein) und Liguster.

Steckhölzer bewurzeln auch gut in Töpfen.

Prächtiges gedeiht noch besser

Ob sich eine Pflanze rasch und gesund entwickelt, ist von mehreren Faktoren abhängig: den Standortbedingungen wie Wasser- und Nährstoffhaushalt, sowie den Boden- und den Lichtverhältnissen. Dies gilt es deshalb zu beachten, da eine auch von Natur aus schnellwüchsige Pflanze bei unzureichenden Bodenverhältnissen oder Wassermangel die Erwartungen einer raschen Begrünung nicht erfüllen wird.

Gerade wenn es schnell gehen soll und die Zeit bis zur Begrünung kurz gehalten werden soll, müssen die Rahmenbedingungen genau beachtet werden.

Gut geplant Zeichnen Sie einen Plan Ihres Gartens, auf dem Sie die Himmelsrichtungen sowie die unterschiedlichen Standorte wie Sonnenstellen, Schattenbereiche, feuchte Gartenstellen etc. festhalten. Wenn Sie neu eingezogen sind, fragen Sie Ihre Nachbarn, ob es in der Gegend grundsätzlich trocken, heiß, nass, oder kalt ist, windig oder eher mild. Damit erleichtern Sie sich die Auswahl der richtigen Pflanzen für diesen Standort.

Windbremse Falls Sie Probleme mit windigen Stellen im Garten oder auf der Terrasse haben, überlegen Sie die Anbringung eines Windschutzes wie Schilfmatten oder eines Flechtzauns, um den Pflanzen den Start zu erleichtern. Wenn sich diese Pflanzen nach einiger Zeit bereits gut eingewachsen haben, kann man diese temporären »Entwicklungshilfen« wieder entfernen.

Klimacheck

Das Klima spielt für die Pflanzen eine große Rolle. Wählen Sie daher Ihre Pflanzen immer nach den lokalen Klimabedingungen aus und kaufen Sie diese nach Möglichkeit in einer örtlichen Baumschule, da diese Pflanzen an die regionalen Bedingungen bereits gewöhnt sind. Wenn Sie Pflanzen selbst aus Samen ziehen, achten Sie auch auf deren ureigene Ansprüche an die Klimaverhältnisse, welche meist bei Qualitätssaatgut angegeben sind. Je mehr Sie auf die Klimaansprüche Rücksicht nehmen, desto schneller und erfolgreicher geht es mit Wachstum, Blüte und Ernte.

TIPP **Wenn Sie Pflanzen im Haus oder unter Folie und Glas selbst vermehren, achten Sie darauf, dass Sie diese vor dem Auspflanzen ausreichend abhärten, indem Sie nach dem Anwurzeln nach und nach mehr lüften, um die Setzlinge an die Außenverhältnisse gut anzupassen. Damit beschleunigen Sie das Anwachsen im Freien.**

Bodencheck

Stellen Sie die Bodenverhältnisse in Ihrem Garten fest, denn es ist wichtig zu wissen, ob Sie einen eher schweren, lehmigen Boden, oder aber einen lockeren, sandigen Boden in Ihrem Garten haben. Die Bodenbeschaffenheit ist entscheidend für das gute und rasche Gedeihen von allen Arten an Pflanzungen.

Für eine Bodenprobe stechen Sie an mehreren Stellen im Garten einen Spaten voll Erde aus, mischen diese zusammen und geben davon ca. 0,5 kg Erde zum Analysieren in eine Bodenuntersuchungsanstalt.

Bodenarten

Bei den Bodenarten unterscheidet man grundsätzlich Sand-, Humus- und Lehmboden. In der Regel kommen diese aber in Mischungen vor, wobei die jeweiligen überwiegenden Anteile bezeichnend sind. Ideal wäre ein Gartenboden, der zu gleichen Anteilen aus Sand, Lehm und Humus besteht.

Sandboden hat eine körnige Struktur, ist sehr wasserdurchlässig und beim Reiben zwischen den Fingern hören Sie ein kratzendes Geräusch. Sandiger Lehm klebt etwas. Sandböden sind leicht zu bearbeiten, erwärmen sich rasch und haben einen höheren Wasser- und Nährstoffbedarf. Sandböden verbessern Sie durch die Beimengung von reichlich Humus oder Komposterde und Lehmboden.

Humusboden ist relativ dunkel, lässt sich nicht leicht formen und ist gut zu bearbeiten. Humusböden können aber im Sommer stark austrocknen, was einen höheren Wasserbedarf mit sich bringt. Es empfiehlt sich, solchen Böden etwas Sand und Lehm beizumengen, um mehr Wasserspeicherfähigkeit zu erhalten.

Lehm- und Schlufböden quietschen beim Reiben zwischen den Fingern. Sie sind in der Struktur seifig, verdichten leicht und sind relativ wasserundurchlässig, kalt und schwer zu bearbeiten. Lehmböden können Sie durch Untermischen (Einfräsen) von Komposterde und Sand im Verhältnis 1:1 in der Struktur sehr gut verbessern.

TIPP **Wenn Sie Erde für Ihre Pflanzgefäße auf einer Terrasse oder einem Balkon benötigen, wählen Sie eine Mischung aus Komposterde, herkömmlicher Gartenerde und eventuell Sand im Verhältnis 30:50:20.**

Dieser Boden muss noch gut für eine Bepflanzung vorbereitet werden.

Vom Baustellenboden zur Pflanzerde

Wenn trotz aller Sorgfalt der Boden nach der Bauphase sehr verdichtet ist, helfen folgende Massnahmen:

NIVEAUFRAGE ❧ Wenn das Niveau Ihres Gartens keine Aufschüttung mehr zulässt, heben Sie ca. 10–15 cm des vorhandenen Materials ab und entfernen dieses.

LOCKERN ❧ Bearbeiten Sie den Boden durch Umgraben oder mit einer Fräse ca. 20 cm tief, bei sehr stark verdichteten Böden bis 40 cm.

VERBESSERN ❧ Verteilen Sie auf den gelockerten Boden Komposterde und Sand im Verhältnis 60:40 (rund 200 l/m^2) und arbeiten Sie diese leicht ein. Achten Sie dabei auf das Niveau. Dieses sollte etwas höher sein (ca. 2 cm) als die angestrebte Bodenhöhe, da sich die Erde noch setzt.

Richtige Pflege ist der beste Start.

Der Straußenfarn gedeiht auch im Schatten.

Lichtcheck

Beachten Sie die Lichtverhältnisse in Ihrem Garten: Wie weit gibt Ihr eigenes oder das Haus Ihres Nachbarn Schatten? Wie gestaltet sich der Sonnenverlauf? Markieren Sie auf einem Plan die schattigen Stellen ebenso wie die sonnigen, um bei der Pflanzenauswahl den jeweiligen Bedürfnissen gerecht zu werden. Als Grundregel gilt, dass reich blühende Pflanzen wie diverse Sommerblumen hellere Standorte, und reine Grünpflanzen wie Farne, oder solche mit kleinen oder unauffälligen Blüten, dunklere Standorte bevorzugen. Wenn Sie also auch die Lichtverhältnisse genau berücksichtigen und die Pflanzen entsprechend auswählen, werden Sie raschen Erfolg bei der Begrünung haben.

Wasser-/Nährstoffcheck

Ermitteln Sie den Nährstoffgehalt Ihres Gartenbodens, sowie dessen pH-Wert mittels einer Bodenprobe, um genaue Aussagen über den Zustand Ihrer Gartenerde machen zu können. Bei Bedarf können Sie die nötigen Nährstoffe im richtigen Ausmaß ergänzen. Stellen Sie außerdem fest, ob der in Ihrem Garten befindliche Boden eher trocken, oder feucht ist, und wählen Sie dann entsprechend dieser Erkenntnis trockenheitsresistente oder aber feuchtigkeitsliebende Pflanzen aus.

Die optimale Versorgung der Pflanzen garantiert schnelleres und üppigeres, gesundes Wachstum. Legen Sie zur langfristigen Nährstoffversorgung Ihrer Gartenpflanzen am besten einen Komposthaufen im Garten an. Komposterde ist der beste Gartendünger, er enthält wichtige Nährstoffe und Spurenelemente in für die Pflanzen frei verfügbarer Form, was bei Handelsdüngern nicht der Fall ist. Die Ausbringungsmenge liegt je nach Nährstoffbedarf der Pflanzen zwischen 1–3 l/m², wobei bei Gehölzen von geringerem, bei Gemüse, Kübel- und Sommerblumen von höherem und bei Stauden von mittlerem Nährstoffbedarf ausgegangen werden kann.

Zusätzlich können Sie auch noch mit Pflanzenbrühen und -jauchen düngen, um den Nährstoffbedarf von stark zehrenden Pflanzen, wie Kürbis, Gurke und Zucchini zu decken.

TIPP **Was tun, wenn der eigene Komposthaufen noch nicht so weit ist? Fragen Sie bei der Gemeinde nach! Komposterde wird von den meisten Gemeinden kostenlos oder gegen einen geringen Beitrag abgegeben.**

Tipps für den Pflanzenkauf

- Die Pflanzen sollen dicht verzweigt und wüchsig sein.
- Nehmen Sie keine Pflanzen, die welk oder krank aussehen.
- Angebotene Pflanzen müssen immer feucht sein, die Wurzeln dürfen nicht ausgetrocknet sein.
- Kaufen Sie Pflanzen am besten aus örtlichen Baumschulen, da diese bereits an die Klimabedingungen angepasst sind.

Kräftige Wurzeln garantieren rasches Anwachsen.

Schutz durch Pflanzen

Erste Maßnahme einer Begrünung ist meist die Herstellung von Abgrenzungen, aber auch die Bildung von Barrieren als Wind-, Emissions- oder Sonnenschutz, die für das Wohlbefinden wichtig sind. Gerade wenn es um den Schutz vor Blicken, Lärm und Staub geht, wünscht man sich eine möglichst rasche, effektive Wirkung. Mit schnellwüchsigen Pflanzen und mit der richtigen Pflege können Sie Ihr Ziel sogar schon im ersten Jahr nach der Pflanzung erreichen.

Wovor Pflanzen schützen können

Wenn Sie nicht gerade auf einer Anhöhe in Abgeschiedenheit und fern von Straße und Schiene wohnen, werden Sie wahrscheinlich das Bedürfnis nach schützenden Elementen für Ihr Refugium haben. Und sollten Sie nicht zu jenen Menschen gehören, die Mauern als ästhetisch und als einzig wahre Abschottung empfinden, dann sind Sie mit Pflanzen bestens bedient. Denn mit Pflanzen lassen sich sehr ansprechende, belebte, energetisch wertvolle Schutzzonen errichten. Gleich wovor Sie sich und Ihr Paradies schützen wollen, ob Sie Schutz vor Blicken, Lärm, Wind, Staub oder anderen Emissionen suchen, für jeden Einsatzzweck gibt es eine Fülle an geeigneten Pflanzen. Die folgenden Tipps helfen Ihnen, dieses Ziel auch möglichst rasch und wirkungsvoll zu erreichen.

Blickschutz

Wenn Sie sich in Ihrem Garten oder auf Ihrer Terrasse zahlreichen Blicken ausgesetzt fühlen und Ihre Jause ungestört im Freien zu sich nehmen wollen, dann brauchen Sie in den meisten Fällen einen effizienten Blickschutz. Natürlich können Sie auch mit Sichtschutzwänden, Zaunbespannungen, blickdichten Zäunen, Mauern oder Paravents arbeiten. Sicher werden Sie jedoch Pflanzen bevorzugen, so kommt es auf den zu schützenden Blickwinkel und den verfügbaren Platz für Pflanzungen an. Oftmals reicht eine Pflanze oder eine Pflanzgruppe, an der richtigen Stelle platziert, aus, um Sichtschutz zu erzielen.

Manchmal benötigt man aber auch mehr, oder möchte sich rundherum schützen.

Während sich für den Schutz der Gartengrenze Hecken, in geschnittener oder frei wachsender Form, aus schnellwüchsigen Gewächsen bestens bewähren, kann oft schon eine einzelne üppige Pflanze, wie ein Flieder, eine Haselnuss, oder ein schnellwüchsiger Gartenschneeball für einen geeigneten Blickschutz sorgen.

Eine freiwachsende Hecke schützt vor neugierigen Blicken.

Sonnenblumen als Sichtschutz – eine gute Idee!

Wenn wenig Platz vorhanden ist, erzielt man mit Schling- und Kletterpflanzen ebenfalls einen hervorragenden Sichtschutz. Mit Ausnahme des selbst kletternden Efeus, der nicht der schnellste Klettermeister ist, sind alle anderen Arten jedoch nur im Sommer grün.

Der Vorteil von Laub abwerfenden Pflanzen allgemein ist die Stadtfestigkeit, da diese Belastungen durch Staub und Abgase besser vertragen als Immergrüne. Zudem ist eine ständige Veränderung des Landschaftsbildes gegeben – vom Sprießen im Frühjahr, dem späteren Erblühen, der grünen Pracht im Sommer, der eintretenden Herbstfärbung, bis zum Laubfall und den bei Frost oft entstehenden bizarren Gebilden. Immergrüne sehen hingegen das ganze Jahr über gleich aus, es gibt kaum Highlights.

TIPP **Einen guten und raschen Sichtschutz bieten auch zwei bis fünf Reihen Maispflanzen oder Sonnenblumen, die vorgetrieben und im April gepflanzt, bis in den Herbst hinein eine überraschende Wirkung erzielen.**

Überlegen Sie, ob der Sichtschutz das ganze Jahr gegeben sein muss, oder ob ein Schutz vor Blicken von Frühjahr bis in den Herbst ausreichend ist. Die meisten heimischen Laubgehölze, sind nämlich ausschließlich sommergrün. Manche Pflanzen, wie die Hainbuche, behalten ihre goldgelb verfärbten Blätter über den Winter und werfen sie erst im Frühjahr beim Austrieb ab und einige wie der Liguster sind halbimmergrün, und behalten in milden Wintern das Laub länger, oder sogar bis in das Frühjahr hinein.

Planen Sie die Bewässerung gleich bei der Pflanzung mit.

Kleinlaubige Hecken halten Lärm am besten fern.

Lärmschutz

Um Lärm abzuschirmen, bedarf es meist dichterer Anpflanzungen, möchte man nicht gleich Mauern oder Lärmschutzwände errichten. Für den Lärmschutz sind lückenlose Pflanzungen mit kleinblättrigen Gewächsen wegen der größeren Blattmasse als Reflektor vorteilhaft. Gerade beim Schutz vor Lärm ist ein schnelles Wachstum wünschenswert, um diese Belästigung so gering wie möglich zu halten. Heckenpflanzen wie Liguster, Feldahorn und Hainbuche eignen sich besonders gut. Sie sind auch gut schnittverträglich und bilden rasch sehr dichte, grüne Wände.

Zwar tritt eine Belästigung durch Lärm meist das ganze Jahr auf, man kann aber davon ausgehen, dass dieser vor allem im Sommer eine Beeinträchtigung darstellt, wenn Sie sich im Freien aufhalten, während Sie im Winter ohnedies das warme Zimmer und geschlossene Fenster bevorzugen werden. Ein immergrüner Schutz ist daher nicht unbedingt notwendig.

TIPP **Auch geschnittene Hecken können Sie mit unterschiedlichen Sträuchern anlegen. Damit schaffen Sie Abwechslung durch unterschiedliches Laub und Blüten und die Hecke wirkt nicht so monoton wie aus einer einzigen Pflanzenart.**

Windschutz

Wenn Sie eine höher gelegene Terrasse oder einen Garten in windigem Umfeld Ihr Eigen nennen, brauchen Sie höchstwahrscheinlich einen Windschutz, um jederzeit störungsfrei eine Zeitung lesen oder Karten spielen zu können.

Wind beeinträchtigt leider aber auch das Wachstum der Pflanzen. Daher ist es empfehlenswert, für die Zeit des Anwachsens der Pflanzung einen zusätzlichen Windschutz in Form einer Plane zu geben, um den Gewächsen den Start zu erleichtern und so das Wachstum zu beschleunigen. Diese Pflanzhilfe können Sie nach etwa einem Jahr wieder entfernen, sobald die Pflanzen kräftig genug angewachsen sind.

Unten dicht und oben locker – Pampasgras als guter Windschutz.

Auf Terrassen sollten Sie locker bepflanzte Schutzstreifen errichten, eventuell zweireihig, wenn es der Platz erlaubt.

Windschutzstreifen

Im Garten bewährt sich eine quer zur Hauptwindrichtung gesetzte lockere Pflanzkombination von schlanken Bäumen und zwischen deren Stämmen gepflanzten Sträuchern, sodass eine geschlossene, aber lockere Windangriffsfläche entsteht. Solcherart gepflanzte Schutzstreifen können vom Wind durch- und überströmt werden, sodass auf der Windschattenseite die Windgeschwindigkeit herabgesetzt wird. Bei dichten Pflanzungen wird der Wind zwar stark abgebremst, auf der Windschattenseite entstehen jedoch starke Wirbel, die erst recht nicht angenehm sind und die Windgeschwindigkeit steigt rasch wieder an.

Als Bäume, die rasch Schutz bieten, können Sie Erlen, Birken oder Pappeln, aber auch Buchen und Eschen verwenden. Als windfeste Sträucher setzen Sie Feldahorn, Kornelkirsche, Haselnuss, Liguster, Holunder und Weiden. Oberndrein ist die vorgeschlagene Auswahl schnellwüchsig.

TIPP **Setzen Sie schon während der Bauphase Pflanzen in größere Töpfe (min. 5 cm im Durchmesser größer als der Wurzelballen der Pflanze) ein, so können diese sich bereits akklimatisieren und sind dann bei der Pflanzung bereits größer und wüchsiger. Wenn Sie die Töpfe bis zum Rand in die Erde eingraben, dann müssen die Gewächse nicht so oft gegossen werden. Mit dieser Maßnahme erhalten Sie bereits in zwei bis drei Jahren eine dichte Pflanzenwand.**

Staubschutz

Oftmals ist es leider notwendig, einen Schutz vor Staub, Rauch, Streusplitt, oder Spritzmittelabtriften zu schaffen. Grundsätzlich gelten für den Schutz vor Immissionen dieselben Punkte wie beim Windschutz. Haben Sie einen Garten neben einem konventionell bewirtschafteten landwirtschaftlichen Grundstück, werden dort also synthetische Pflanzenschutz und Düngemittel ausgebracht, sollten Sie einen Schutz vor den Abtriften beim Ausbringen der Spritz- und Düngemittel errichten, um diese Giftstoffe, die auch oft Allergien auslösen, von Ihrem Garten abzuhalten. Hierfür eignen sich schnellwüchsige, kleinblättrige Heckenpflanzen, wie Liguster, Kornelkirsche, Flieder sowie Weiden, welche auf Grund der großen Blattoberfläche einen guten Schutzschild bilden.

TIPP **Für bodennahen Schutz vor Streugut und Staub pflanzen Sie Kapuzinerkresse, die, humosen Boden vorausgesetzt, auch auf den Zaun hinauf schlingt und binnen zwei Monaten effektiven Schutz bietet.**

Kapuzinerkresse schützt vor bodennahen Immissionen.

Schutz auf Balkon und Terrasse

Um auf Balkonen schnellen Schutz zu erhalten ist vor allem die richtige Wahl der Gefäße, in denen die Pflanzen gesetzt werden, von Bedeutung. Bevor Sie Tröge, Kästen oder Kistchen anschaffen, prüfen oder erfragen Sie die Tragfähigkeit Ihrer Decke bei der Hausverwaltung, einem Architekten oder einem Baumeister und wählen Sie dann Gefäße, die innerhalb der zulässigen Belastung für die Decke liegen. Beachten Sie dabei nicht nur das Gewicht des Troges, sondern vergessen Sie nicht, dass dazu noch das Gewicht des Substrats, der Pflanzen und des Gießwassers kommt. Ein Topf mit 40 × 40 × 40 cm mit regennasser Erde kann daher bald einmal 80 bis 100 kg wiegen! Verwenden Sie nach Möglichkeit luftdurchlässige Gefäße aus Ton, Eternit, oder Holz, da diese atmungsaktiv sind. So wird ein Übermaß an Feuchtigkeit besser abgeleitet und Fäulnis kann daher nicht leicht entstehen. Zudem sorgen diese Materialien im Winter für einen besseren Temperaturausgleich, was die Froststabilität verbessert.

Auch große Palmen gedeihen in geeigneten Pflanzgefäßen.

Sollten Sie aus Gewichtsgründen Kunststoffgefäße verwenden, so achten Sie auf eine gute Drainage und kleiden Sie die Wände innen mit mehreren Schichten Vlies aus, damit eine atmungsaktive Zone zwischen Substrat und Gefäßwand entsteht.

Gefäßgröße

Die Größe der Pflanzgefäße spielt für die schnelle und gesunde Entwicklung der Pflanzen eine wichtige Rolle. Wählen Sie daher die Gefäße nicht zu klein. Als Faustregel gilt, dass die Tröge oder Töpfe mindestens 40 cm hoch und ebenso breit sein sollten.

Je größer desto besser, denn je dichter die Pflanzen das Gefäß durchwurzeln, desto weniger Wasser kann vom Substrat gespeichert werden und das Weiterwachsen der Pflanzen wird bald behindert.

TIPP ❧ **Stellen Sie Gefäße auf Rollen oder Untersetzer mit Rollen (nur für größeres Gewicht geeignete Rollen verwenden), dann können Sie die Pflanzen leichter verschieben, sollte dies auch wegen Pflegemaßnahmen einmal nötig werden.**

Der Oleander ist trotz seines Giftes beliebt.

Drainage

Damit die Pflanzen nach einem heftigen Regenguss, nach der Schneeschmelze, oder durch übermäßiges Gießen nicht gleich ertrinken, sollten Sie die Pflanzgefäße drainagieren. Dies können Sie durch Einfüllen von Leca (Blähton), Kies oder Schotter, sowie Einlegen von Drainageplatten bewerkstelligen. Da auf Terrassen und Balkonen meist auf das Gewicht Rücksicht genommen werden muss, sollten Sie Drainageplatten und Leca bevorzugen. Die Stärke dieser Drainage sollte 5–10 cm betragen, darauf geben Sie eine Trennschicht aus Vlies (Bauvlies), damit sich die Erde nicht in die Drainage einwäscht und diese verstopft. Lassen Sie das Vlies jeweils 10 cm überstehen und achten Sie beim Befüllen mit Erde, dass sich das Vlies dicht und faltenfrei an die Gefäßwände anlegt.

Substrat

Als Erde für die Pflanzung eignet sich sowohl fertige Pflanzerde, ein Gemisch aus Komposterde, Lehm (oder Gartenerde) und Sand im Verhältnis 30:50:20. Wenn dieses Substrat zu schwer sein sollte, ersetzen Sie den Sand durch Styroporflocken oder Perlit, dadurch erreichen Sie eine Gewichtsreduktion von rund 20%. Achten Sie darauf, dass die Erde vor der Pflanzung gut feucht ist.

Wenn Sie eigenen Kompost verwenden, sieben Sie ihn, indem Sie ihn mit der Schaufel durch ein Wurfgitter werfen. So erhalten Sie feinste Erde für alle Topfpflanzen.

TIPP ❧ **Verwenden Sie keine Erde mit Anteilen von Torfmull, da einmal trockener Torf nur mehr sehr schwer Feuchtigkeit aufnimmt und außerdem durch den Abbau von Torf ganze Moor-Ökosysteme unwiederbringlich zerstört werden.**

Bewässerung

Bei Trogbepflanzungen gibt es keine Kapillarität des Bodens, welche Feuchtigkeit aus tieferen Schichten nach oben transportiert, deshalb ist dem Wasserhaushalt von Troggärten besonderes Augenmerk zu schenken. Für Gefäßpflanzungen sowie eher trockene Standorte bewährt sich die Installation einer Tröpfchenbewässerung. Dies geht einfach, schnell und gewährleistet eine gleichmäßige Wassergabe. Kombiniert mit einer Zeitschaltuhr und einem Regenmesser oder Feuchtefühler werden die Pflanzen immer optimal mit Wasser versorgt und wachsen so schneller und üppiger.

Achten Sie bei Topfpflanzungen immer auf ausreichende Feuchtigkeit!

Nährstoffversorgung

Wegen des begrenzten Erdvolumens in Töpfen und Trögen ist eine selbsttätige Nährstoffversorgung, wie diese in der Natur durch stete Verrottung stattfindet, nur sehr begrenzt gegeben. Lassen Sie daher abfallendes Laub als Mulchschichte auf den Gefäßen liegen, diese verrottet und führt so dem Boden Nährstoffe und Spurenelemente zu. Zusätzlich können Sie mit Gesteinsmehl, Vogelmist (Guano) und Pflanzenjauchen düngen. Diese gibt es zu kaufen, Pflanzenjauchen können aber auch selbst hergestellt werden. Gießen Sie nie Pflanzenjauchen über die Blätter, da diese verbrennen können – nur über den Boden gießen! Düngen Sie regelmäßig in 14tägigem Intervall von April bis August.

Topfgärten brauchen wenig Platz.

TIPP ❧ **10 l Regenwasser mit ca. 1 kg frischen Blättern, oder ca. 150 g getrocknetem Kraut der Brennnessel *(Urtica dioica)* gemischt, ergibt über mindestens 24 Stunden angesetzt einen hervorragenden Flüssigdünger, der abgeseiht und 10fach verdünnt gleichmäßig über die Erde ausgebracht werden kann.**

Pflanzen für schnellen Schutz

Es gibt eine Vielzahl von schnellwüchsigen Pflanzen, die sich besonders als Schutzpflanzen eignen. Nachstehend finden Sie eine Liste empfehlenswerter Arten, getrennt nach Pflanzen für geschnittene und Pflanzen für frei wachsende, gemischte Hecken, sowie Schlingpflanzen. Die Reihung erfolgte jeweils beginnend mit der am schnellsten wachsenden Pflanze, als Pflanzgröße werden Sträucher mit etwa 50–80 cm angenommen.

Rosenhecken umrahmen den Sitzplatz.

Geschnittene Hecken

Bei geschnittenen Hecken handelt es sich um eine Reihenpflanzung von schnittverträglichen Gehölzen, welche ein bis zwei Mal jährlich mittels Heckenschere geschnitten werden muss. Bei der Neupflanzung werden maximal drei Pflanzen pro Laufmeter gesetzt. Graben Sie dazu eine Künette, die mindestens 1,2 mal so tief wie die Wurzeln der Pflanzen lang sind ist, und lockern Sie die Künettensohle. Geben Sie eventuell etwas Komposterde und Wasser hinein und setzen Sie dann die Pflanzen, indem Sie diese in die Künette halten und mit dem Spaten seitlich die Erde andrücken. Treten Sie die Erde leicht an und wässern Sie die frisch gesetzten Pflanzen. Danach sollten Sie den Boden mit Rasenschnitt, Laub, Holzhäcksel, oder Rinde abdecken (mulchen), das hält den Boden feucht und locker. Außerdem sorgt diese Mulchschichte vom Start weg für ausreichende Nährstoffzufuhr, die für schnelles Wachstum wichtig ist.

Geschnittene Hecken eignen sich wegen ihres dichten Wuchses besonders gut zum Schutz vor Staubemission. Durch den Schnitt werden zudem verstaubte Pflanzenteile regelmäßig entfernt, was dem Aussehen förderlich ist. Schneller wächst die Hecke, wenn Sie bei der Pflanzung zu jeder Pflanze einen Kübel voll Kompost beigeben. Solche Pflanzungen können bei jährlichem Schnitt innerhalb von zwei bis drei Jahren eine Höhe von 1,8 m erreichen.

Schnelle Pflanzen für geschnittene Hecken

Pflanzennamen	Standort	dichter Schutz nach Jahren
Feldahorn *(Acer campestre)*	sonnig-schattig, trocken	2 Jahre
Fichte *(Picea abies)*	sonnig-halbschattig, Berglagen	2–3 Jahre
Flieder *(Syringa vulgaris)*	sonnig-schattig, feucht	2–3 Jahre
Liguster *(Ligustrum vulgare)*	sonnig-schattig, feucht	2–3 Jahre
Eibe *(Taxus baccata)*	schattig, feucht	5–6 Jahre

Lassen Sie einjährige Schlingpflanzen wie Feuerbohnen und Duftwicken den Zaun entlang klettern, so schaffen Sie bereits im ersten Jahr einen effektiven Sichtschutz und können das im nächsten Jahr wiederholen, solange bis die Hecke genug Schutz bietet.

Der Schneeball ergibt eine blühende Wand im Frühjahr.

Frei wachsende gemischte Hecken

Unter frei wachsenden, gemischten Hecken verstehen wir dichter gepflanzte Gehölze, welche nicht so oft wie geschnittene Hecken eingekürzt werden, sondern frei wachsen können. Schneiden Sie diese nur, wenn sie zu groß geworden oder zu wenig dicht sind. Im Gegensatz zu einer geschnittenen Hecke benötigen Sie auch nur alle 70–100 cm eine Pflanze, wobei man, wenn möglich, nicht in eine Reihe, sondern versetzt im Dreierverbund pflanzt. Graben Sie die Pflanzlöcher ebenso tief wie bei den geschnittenen Hecken und etwas größer im Durchmesser als der Wurzelballen. Beachten Sie einen etwas größeren Abstand zur Grundstücksgrenze (ca. 80–100 cm), damit sich die Pflanzen gut entfalten können und nicht zu rasch über die Grenze hinaus wachsen. Verfahren Sie weiter wie oben beschrieben und geben Sie ebenfalls eine Mulchschicht zum Schluss als Abdeckung.

TIPP **Freiwachsende, gemischte Blütenstrauch-Hecken eignen sich besonders gut als Wind- und Lärmschutz. Schneller geht es, wenn Sie Container-Pflanzen aussetzen und zu jeder Pflanze ca. 10 l Kompost in die Pflanzgrube geben. Sie erreichen dann schon in drei Jahren eine Höhe von rund 2 Metern.**

Schnell frei wachsende Heckenpflanzen

Pflanzennamen	Standort	dichter Schutz nach Jahren
Salweide *(Salix caprea mas)*	sonnig-halbsonnig, trocken-nass	1–2 Jahre
Feldahorn *(Acer campestre)*	sonnig-schattig, trocken-feucht	2 Jahre
Holunder *(Sambucus nigra)*	sonnig-schattig, feucht	2 Jahre
Ölweide *(Eleagnus angustifolium)*	sonnig, trocken	2 Jahre
Purpurweide *(Salix purpurea)*	sonnig-halbsonnig, trocken-nass	2 Jahre
Sanddorn *(Hippophae rhamnoides)*	sonnig, trocken	2 Jahre
Hartriegel *(Cornus alba)*	sonnig-halbsonnig, feucht-nass	2–3 Jahre
Sommerflieder *(Buddleia davidii)*	sonnig-schattig, trocken-feucht	2–3 Jahre
Apfelrose *(Rosa rugosa)*	sonnig, trocken-feucht	3 Jahre
Blasenspiere *(Physocarpus opulifolius)*	sonnig-schattig, feucht-nass	3 Jahre
Erbsenstrauch *(Caragana arborescens)*	sonnig-halbsonnig, trocken-feucht	3 Jahre
Heckenkirschen *(Lonicera ledebourii, L. tatarica)*	sonnig-halbsonnig, trocken-feucht	3 Jahre
Hundsrose *(Rosa canina)*	sonnig, trocken-feucht	3 Jahre
Pfeifenstrauch *(Philadelphus coronarius)*	sonnig-halbsonnig, trocken-feucht	3 Jahre
Schlehdorn *(Prunus spinosa)*	sonnig-schattig, trocken-feucht	3 Jahre
Späte Traubenkirsche *(Prunus serotina)*	sonnig-schattig, trocken-feucht	3 Jahre
Traubenkirsche *(Prunus padus)*	sonnig-schattig, feucht	3 Jahre
Weigelie (*Weigelia* sp.)	sonnig-halbsonnig, trocken-feucht	3 Jahre
Wildrose *(Rosa multiflora)*	sonnig-schattig, trocken-feucht	3 Jahre
Zaunrose *(Rosa rubiginosa)*	sonnig, trocken-feucht	3 Jahre

SALWEIDE *(Salix caprea mas)* Diese Weidenart ist auch als Kätzchenweide oder Palmkätzchen bekannt und als Selektion von Europa bis Nordasien bis in Höhen von 1000m zu finden. Sie wird bis 5m hoch und wächst strauch- bis baumartig. Die Salweide ist anspruchslos, extrem schnittverträglich und ein wichtiges Bienennähr- und Vogelschutzgehölz. Am besten gedeiht sie jedoch an feuchten Standorten, Bach- und Teichrändern. Die Blütezeit ist März bis April. Die Vermehrung erfolgt durch Veredelung.

FELDAHORN *(Acer campestre)* Diese Ahornart wächst strauchartig bis baumartig , wird bis 15m hoch und, frei wachsend, bis 6m breit. Pro Jahr sind Zuwächse von rund 40cm bei richtigem Standort (wärmeliebend, leichte, kalkhältige Böden, trockenheitsliebend) zu erwarten. Der Feldahorn ist in ganz Europa in Tal- und Höhenlagen bis 800m zu finden. Er ist gut schnittverträglich, äußerst stadtfest und ein wichtiges Vogelschutzgehölz. Am mehrjährigen Holz bringt er im Mai grünliche, aufrechte Blüten (Doldentrauben) hervor.

Schnelle Schlinger

Auch Schling- und Kletterpflanzen können Sie als Schutz pflanzen. Sie eignen sich besonders dann, wenn nicht viel Platz zur Verfügung steht. Sie brauchen allerdings eine Kletterhilfe in Form eines Zaunes oder eines Rankgerüstes und müssen teilweise, besonders im Anfangsstadium, pflanzenschonend angebunden werden. Bei der Pflanzung gehen Sie wie bei den frei wachsenden Hecken vor und bedecken Sie die Pflanzstelle mit einer Mulchschichte. Bei Berg- und Waldrebe setzen Sie noch eine den Fuß des Schlingers bedeckende Pflanze, oder mulchen 20 cm stark, da diese für das gute Gedeihen einen schattigen Fuß benötigen.

Eine interessante Perspektive – Wilder Wein von unten.

Schnelle Schling- und Kletterpflanzen

Pflanzennamen	Standort	dichter Schutz nach Jahren
Glockenrebe *(Cobaea scandens)*	sonnig-halbschattig, feucht	1 Jahr
Hopfen *(Humulus lupulus)*	sonnig, feucht	1 Jahr
Knöterich *(Polygonum aubertii)*	sonnig-halbsonnig, trocken-nass	2 Jahre
Wilder Wein *(Parthenocissus quinquefolia)*	sonnig-schattig, feucht	2–3 Jahre
Baumwürger *(Celastrus orbiculatus)*	sonnig, feucht	3 Jahre
Jelängerjelieber *(Lonicera caprifolium, tellmaniana)*	sonnig-halbsonnig, feucht	3 Jahre
Pfeifenwinde *(Aristolochia macrophylla)*	halbsonnig, feucht	3 Jahre
Bergrebe *(Clematis montana)*	sonnig, trocken-feucht	4 Jahre
Waldrebe *(Clematis vitalba)*	sonnig-schattig, trocken-feucht	4 Jahre

Turbo-Schutz-Pflanzen

Mit folgenden Alternativen erreichen Sie bereits in einer Saison, also nach etwa vier Monaten, einen Schutz, der bis zum Herbst bzw. bis zum ersten Frost andauert. Sie können alle angegebenen Pflanzen selbst aus Samen ziehen, oder, mit Ausnahme der Brennnessel, als Containerpflanzen kaufen. Manche Vorschläge mögen auf den ersten Blick ungewöhnlich klingen, jedoch sie erfüllen alle die Hauptvoraussetzung: sie wachsen schnell!

BRENNNESSELN *(Urtica urens)* werden auf nährstoffreichem Boden bis 1,2 m hoch. Von manchen als Unkraut verteufelt, sind sie jedoch für Schmetterlingsraupen eine wichtige Futterpflanze. Warum also nicht einmal als Abgrenzung tolerieren?

GOLDRUTE *(Solidago gigantea)* wird auch auf trockenem Boden bis 2 m hoch. Sie ist ein genügsamer Farbtupfer für Garten und Terrasse und lockt nützliche Insekten an. Da sie zum Verwildern neigt, sollte man sie gut unter Kontrolle halten.

KÖNIGSKERZE *(Verbascum thapsus)* wird auch auf magerem Boden bis 2 m hoch. Aus einer großen Blattrosette erhebt sich der kerzenartige Blütenstand. Kaufen Sie daher einjährige Rosetten.

KÜRBIS (*Curcurbita* sp.) klettert mit bis zu 5 m langen Trieben, einjährig. Seine großen Blätter bieten guten Sichtschutz, liebt nährstoffreichen Boden.

MAIS *(Zea mays)* wird je nach Sorte 2–3 m hoch, einjährig. Es gibt viele Ziersorten mit bunten Kolben oder essbare Sorten zum Naschen.

SONNENBLUMEN *(Helianthus annuus)* werden 2–3 m hoch, einjährig. Die Blüte richtet sich immer nach dem Sonnenstand, die Fruchtstände zeigen immer nach Osten.

CHINASCHILF (*Miscanthus floridulus*) erreicht mit seinen wüchsigen Ausläufern in kurzer Zeit eine dichte Abschirmung und wird auch bis ca. 3 m hoch. Es liebt sonnige bis halbschattige Stellen.

Auch Mais lässt sich als Abschirmung verwenden.

Schattenspender

Sie haben gerade ein Reihenhaus bezogen, ein neu aufgeschlossenes Grundstück bebaut, oder nennen eine Wohnung mit Terrasse Ihr Eigen und das einzige, was Schatten gibt, ist Ihr Sonnenschirm?
Dann brauchen Sie rasch Pflanzen als natürliche Schattenspender, die zudem die Luftfeuchtigkeit erhöhen und somit ein angenehmes Gartenklima schaffen, welches auch für die zahlreichen nützlichen Gartenhelfer wie Singvögel, Käfer und Insekten notwendig ist.

Mehr als Sonnenschutz

Schattenbereiche bieten nicht nur einen Schutz vor der glühenden Sonne, sie sind zudem auch für die Klimaregulierung im Garten notwendig, denn sie schaffen ein eigenes Mikroklima und dienen als Rückzugsmöglichkeit für alle tierischen Mitbewohner.

Blauregen verschönt jede Pergola.

In schattigen Bereichen können Sie der Hitze entfliehen und die angenehme Sommerluft trotzdem voll genießen. Pflanzen eignen sich deshalb besonders gut als Klimaregulatoren und als Sonnenschutz, da das Blätterkleid die Luft zirkulieren lässt, die Luftfeuchtigkeit erhöht und gleichzeitig dabei die Sonne optimal abschirmt. Die meist höheren Sonnenschutzpflanzen wirken zudem raumbildend, was für die Struktur in der Gartengestaltung wichtig ist.

Es gibt viele Möglichkeiten, Schatten zu erhalten. So kann man für einen Autoabstellplatz entweder ein Carport oder eine Pergola errichten, und für den Sitzplatz einen Gartenpavillon aufstellen oder ein Sonnensegel aufspannen.

Oder aber auch Bäume und Sträucher pflanzen, die sich bestens als Schattenspender eignen und gegenüber allen anderen vorgenannten technischen Möglichkeiten den Vorteil haben, auch noch preisgünstiger und dauerhafter zu sein. Auch Schlingpflanzen, die sich auf ein Klettergerüst oder über eine Pergola ranken, bringen rasch lichten Schatten.

Noch schneller geht es mit einjährigen Pflanzen, die bereits nach drei bis vier Monaten einen ersten Schatten geben können. Mit geeigneten gestalterischen Maßnahmen, wie der Bodenabsenkung, die nachfolgend angeführt sind, lassen sich zusätzliche Wirkungen erzielen.

Bei der Errichtung von Pavillons oder Carports ist die Bauordnung zu beachten und unter Umständen eine Baubewilligung einzuholen, oder zumindest eine Bauanzeige zu machen. Auch wenn Sie Bäume und Sträucher setzen, sind Gesetze und Verordnungen zu beachten: So darf z. B. der Nachbar nicht beeinträchtigt werden. Die Gesetze sind jedoch in jedem Bundesland unterschiedlich, daher sollten Sie sich vor jeder Maßnahme bei der zuständigen Behörde oder am Gemeindeamt darüber informieren.

Turbo-Schattenspender

Mit nachfolgenden, alternativen Pflanzungen erreichen Sie bereits in der ersten Saison, also nach ungefähr vier Monaten, eine Schattenwirkung, die vor allem auch für Terrassen bestens geeignet ist. Praktischerweise können alle angegebenen Pflanzen selbst aus Samen gezogen werden. Die einjährigen Pflanzen müssen jährlich neu angesetzt werden, im Falle von Maispflanzen hat man als Nebeneffekt auch noch eine Ernte zu erwarten, und können Sie die nicht alle selbst essen, verwenden Sie die zu Schrot verarbeiteten Körner im Winter als Vogelfutter. Bei den Sonnenblumen verhält es sich ähnlich, denn die können sowohl Sie als auch die Vögel verspeisen.

Als Turbopflanzen empfehlen sich speziell:

GLOCKENREBE *(Cobaea scandens),* die als einjähriger Schlinger bis 6 m in einem Jahr wächst!

GOLDRUTE *(Solidago gigantea),* die ein dankbarer Sommerblüher ist und auch auf trockenem Boden bis August/September bis 2 m hoch wird.

MAIS *(Zea mays),* der je nach Sorte bis August 2–3 m hoch wird und essbare Kolben oder Kolben mit hohem Zierwert hervorbringt.

SONNENBLUMEN *(Helianthus annuus),* die es in vielen Farben und Sorten gibt und die bis Juli 2–3 m hoch werden.

Sonnenblumen sind groß genug als Schattenspender.

Schatten im ersten Jahr

Um mit Pflanzen relativ rasch einen Schatten im Garten zu schaffen, können Sie zusätzlich noch einige Tricks anwenden.

So gewinnen Sie schneller und mehr Schatten für einen Sitzplatz, wenn Sie diesen etwas vertieft im Garten anlegen. Es genügt oft schon, einen Sitzplatz um 0,5 bis 1,0 m tiefer anzulegen, und schon geben auch niedrigere Pflanzen einen effektiven Schatten! Mit diesem interessanten Gestaltungsmittel bringen Sie außerdem Dynamik und Spannung in langweilige und ebene Grundstücke. Pflanzen Sie an der Oberkante, besonders im Südwesten, möglichst nahe am Rand und lassen Sie die Nordseite als Zugang offen. Als Pflanzen reichen dann bereits jene unter den Schutzpflanzen angeführten Arten, eventuell ergänzt durch einen kleinkronigen Baum, wie eine Vogelkirsche oder eine Salweide. Wenn Sie nicht viel Platz opfern wollen oder können, tut es auch ein Rankgerüst mit »Turbokletterern«.

VORHANDENES NUTZEN Mit etwas Glück können Sie auch den bereits vorhandenen Schatten, der durch Nachbarbäume, Haus, oder Mauern entsteht, einbeziehen und durch Pflanzungen verstärken.

»TURBO-PFLANZEN« Wenn es besonders schnell gehen soll, können Sie auch einjährige »Turbo-Pflanzen« verwenden, die schon kurz nach der Pflanzung Schatten spenden.

RECHTZEITIG PLANEN Sie können auch sehr viel Zeit gewinnen, wenn Sie gleichzeitig mit der Bauplanung auch schon einen Gartengestaltungsplan anfertigen, bzw. anfertigen lassen und die darin vorgesehenen Schattenpflanzungen, vor allem die Bäume, bereits während der Bauphase pflanzen, denn dann haben Sie nach Baufertigstellung bereits stattliche Pflanzen, die auch schon Schatten geben. Voraussetzung ist, dass diese Pflanzungen den Bauarbeiten nicht im Wege stehen, im Bereich der Pflanzgrube der Boden gut vorbereitet und mit Kompost verbessert wird, sowie für ausreichende Bewässerung in der Anwachsphase gesorgt ist.

Schatten in drei bis fünf Jahren

Bei ebenerdigen oder erhöhten Plätzen verwenden Sie am besten Bäume als Schattenspender, wobei die richtige Wahl der Pflanzen von den örtlichen Gegebenheiten, der Gartengröße und dem vorhandenen Platz abhängt. Wenn Sie nicht viel Platz in Ihrem Garten oder auf der Terrasse haben, verwenden Sie schmalwüchsige Pflanzen oder kleinkronige Bäume, wie etwa die Salweide.

Schlingpflanzen benötigen zwar ein Klettergerüst wie eine Pergola, schaffen jedoch oft innerhalb von ein bis zwei Jahren effektiven Schatten. Steht Ihnen mehr Platz zur Verfügung, können Sie großkronige Bäume wie den Spitzahorn verwenden.

Das wächst unter Schattenspendern

Beachten Sie, dass im Schatten kaum Gras wächst und viele Gehölze ebenfalls hier nicht gedeihen können. Verwenden Sie auf Schattenbeeten und unter Bäumen Efeu, Immergrün, Farne, Liguster, Hartriegel, Heckenkirsche und Wildrosen *(Rosa multiflora)*, diese entwickeln sich auch ohne Sonne prächtig.

Die Trauerweide gibt rasch und ausreichend Schatten für die Funkien.

Das Wachstum beschleunigen

Die Pflanzung der Schattenspender sollte im Herbst erfolgen, da sich die Pflanzen dann über den Winter gut verwurzeln können und im Frühjahr schneller austreiben und mehr Laub entwickeln als bei der Frühjahrspflanzung. Wenn Sie erst im Frühjahr pflanzen, geht der Großteil an Energie in die Wurzelbildung und für die Trieb- und Blattbildung bleibt meist nur wenig über. Dies gilt speziell für wurzelnackte Ware, also Pflanzen, bei denen beim Verkauf keine Erde um die Wurzeln vorhanden ist. Bei Containerpflanzen ist dies nicht so ausgeprägt der Fall, die Wüchsigkeit ist bei Frühjahrspflanzung dennoch auch hier geringer.

WACHSTUM Sie können das Wachstum der Bäume noch beschleunigen, indem Sie eine großzügige Pflanzgrube von mindestens 50 × 50 × 50 cm ausheben, die Grabensohle mittels Spaten gut lockern und ca. 50 l reine Komposterde bei der Pflanzung beimischen. Eine nachfolgende jährliche Düngergabe von ca. 10 l Kompost oder Pflanzenjauche gewährleistet zudem kontinuierliches Wachstum. Wichtig nach der Pflanzung von Bäumen ist das Anbinden an eine in Windrichtung im Boden befestigte Baumstange, damit der Baum bis zum Verwurzeln nach ein bis zwei Jahren bei starken Winden nicht schief wachsen kann. Zum Anbinden verwenden Sie am besten einen Kokosstrick, jedoch keinen Draht oder Kunststoffbänder.

In nachstehender Liste finden Sie Beispiele von Pflanzen, die auf Grund ihrer Wüchsigkeit rasch ein schützendes Blätterdach ergeben und so bald zu Schattenspendern heranwachsen.

Große Bäume

Pflanzenname	Standort	Wuchshöhe als zehnjährige Pflanze
Bergahorn *(Acer pseudoplatanus)*	verträgt auch feucht	5–6 m
Birke *(Betula pendula)*	trocken-feucht	6–8 m
Esche *(Fraxinus excelsior)*	feucht	8–9 m
Schwarzerle *(Alnus glutinosa)*	feucht, schmaler Wuchs	8–9 m
Silberpappel *(Populus alba)*	feucht-trocken	6–8 m
Silberweide *(Salix alba)*	feucht-nass	6–8 m
Spitzahorn *(Acer platanoides)*	trocken-feucht	6 m

Große Bäume

Darunter versteht man Bäume, welche bis 20 m hoch werden können und die nur in großen Gärten, aber keinesfalls auf Terrassen verwendet werden sollten.

Gut, wenn man so einen Schattenspender schon im Garten hat!

Überlegen Sie gut, ob Sie genügend Raum haben, denn in zehn bis zwanzig Jahren wird aus dem zarten Pflänzchen ein stattlicher Baum, der in voller Größe dann unter Umständen den gesamten Garten und das Haus in tiefen Schatten taucht.

Beachten Sie eventuell gültige Baumschutzgesetze, welche das Umschneiden von gesunden Bäumen ab einer gewissen Größe verbieten, auch wenn diese dann den ganzen Garten und das Wohnhaus beschatten. Schnellwachsende und großkronige Bäume können also, wenn auch erst nach Jahren, enorme Nachteile nach sich ziehen, was bei jeder Pflanzung zu bedenken ist. Der Vorteil großer Bäume ist wiederum, dass man bereits mit einer Pflanze eine große Wirkung erzielt.

Kleine Bäume

Unter kleinen Bäumen versteht man solche, die ausgewachsen in zehn bis zwanzig Jahren eine Höhe von 7–12 m erreichen können. Sie sind auch für kleinere Gärten geeignet, manche sogar für Dachgärten und Terrassenbepflanzungen, wie Salweide und Vogelkirsche, und machen auch ausgewachsen kaum Probleme. Der Nachteil: die geringere Schattenwirkung von einzelnen Pflanzen.

Bei der Pflanzung in Trögen ist auf ausreichende Gefäßgröße, mindestens 80 × 80 × 60 cm, zu achten, wenn man nicht nach fünf bis sieben Jahren eine Neupflanzung durchführen möchte. Kleinkronige Bäume geben nach etwa drei bis fünf Jahren merkbaren Schatten.

Die Traubenkirsche betört mit ihren duftenden Blüten.

Besonders raschwüchsig ist der Holunder.

Kleine Bäume

Pflanzenname	Standort	Wuchshöhe als fünfjährige Pflanze
Bruch-Weide *(Salix fragilis)*	trocken-nass	5–8 m
Feldahorn *(Acer campestre)*	feucht	bis 5–6 m
Hainbuche *(Carpinus betulus)*	trocken-feucht	5–7 m
Salweide *(Salix capraea)*	feucht-nass	4–6 m
Traubenkirsche *(Prunus padus)*	trocken-feucht	3–4 m
Vogelkirsche *(Prunus avium)*	trocken-feucht	5–6 m
Zitterpappel *(Populus tremula)*	feucht-nass	5–8 m

Großsträucher

Pflanzenname	Standort	Wuchshöhe als fünfjährige Pflanze
Flieder *(Syringa vulgaris)*	trocken-feucht	2–3 m
Haselnuss *(Corylus avellana)*	feucht	2–3 m
Holunder *(Sambucus nigra)*	trocken-feucht	2–4 m
Kornelkirsche *(Cornus mas)*	trocken-feucht	2–4 m
Pfeifenstrauch *(Philadelphus coronarius)*	trocken-feucht	3–4 m

Großsträucher

Als Großsträucher bezeichnet man Gehölze mit einer Wuchshöhe von 6 bis 15 m, welche nach ungefähr zehn Jahren erreicht wird. Großsträucher eignen sich in Maßen auch für kleinere Gärten und Terrassen als Schutzpflanzen.

Vorteilhaft sind die Schnittverträglichkeit und die rasche Schattenwirkung schon nach etwa drei bis vier Jahren. Nachteilig ist, dass ein einzelner Strauch oft zu wenig Schatten spendet und Sie daher meist besser in Gruppen pflanzen sollten.

Schling- und Kletterpflanzen

Schling- und Kletterpflanzen können Sie selbst auf Terrassen ohne Bedenken setzen. Sie eignen sich auch als Vorpflanzung, z. B. vor Sträuchern, um schnelleren, dichteren, oder zusätzlichen Schutz zu erhalten. Oft erreichen sie schon in sieben bis zehn Jahren ihre volle Wuchshöhe.

Hopfen ist ein starkwüchsiger Kletterer.

Kletterrosen sind ein perfekter Hintergrund für einen Sitzplatz.

Die Schnellwüchsigkeit ist ihr großer Vorteil, denn bereits nach drei Jahren erhält man Schattenwirkung. Allerdings benötigen sie stets ein Klettergerüst, um in die Höhe zu kommen.

Schling- und Kletterpflanzen

Pflanzenname	Standort	Wuchshöhe als fünfjährige Pflanze
Baumwürger *(Celastrus orbiculatus)*	sonnig, feucht	3–5 m
Hopfen *(Humulus lupulus)*	sonnig, feucht-trocken	4–6 m
Knöterich *(Polygonum aubertii)*	sonnig-halbsonnig, trocken-nass	4–6 m
Kletterrosen *(Rosa arvensis)*	sonnig, trocken	2–4 m
Pfeifenwinde *(Aristolochia macrophylla)*	halbsonnig, feucht	3–5 m

FEUERBOHNE *(Phaseolus sativus)* Raschwüchsig, 3–4 m, bildet dichte, grüne Laubwände, einjährig. Weiße oder je nach Sorte auch hellrote Blüten von Juli bis September, die sich deutlich vom Laub abheben. Bohnenfrüchte roh giftig, jung und gekocht essbar. Wunderschön an mit Wänden mit Klettergerüst oder an Zäunen.

PFEIFENWINDE *(Aristolochia macrophylla)* Wird gern als Sichtschutz oder für Überdachungen verwendet, verzaubert aber auch Fallrohre und Masten! Diese Pflanze besitzt große, fast dachziegelartig übereinander liegende Blätter und ist abgesehen von ihrem Wasserbedarf äußerst pflegeleicht, braucht kaum Schnitt und sieht auch im Winter dekorativ aus. Sie benötigt eine Rankhilfe zum Klettern.

HOPFEN *(Humulus lupulus)* Ist eine mehrjährige, schnell wachsende Kletterpflanze mit zackigen Blättern und hübschen grüngelben Zapfen, die das Typische am Hopfen sind. Die Zapfen werden auch in der Heilkunde verwendet. Auch er benötigt ein Rankgerüst . Die Triebe ranken sich übrigens im Uhrzeigersinn.

BAUMWÜRGER *(Celastrus orbiculatus)* Entwickelt speziell in nährstoffreichem Boden enorme Wuchskraft und bildet, im Gegensatz zur Pfeifenwinde, starke Stämme aus. Wunderschön ist seine leuchtend gelbe Herbstfärbung und der orange Fruchtschmuck. Er benötigt ebenfalls ein Klettergerüst.

Hopfen blüht in aparten grünen Zapfen.

Rasen, Wiese & Co

Machen Sie aus Ihrer nach dem Hausbau entstandenen Erdwüste eine grüne Oase, auf der die unterschiedlichsten Wiesenblumen ihre bunten Blüten der Sonne entgegen strecken. Gestalten Sie eine Fläche, auf der die Kinder mit den von den Blüten angelockten Schmetterlingen tanzen und entspannen Sie sich zwischen den im Wind wogenden Ähren der Gräser und dem typischen Duft nach Heu. Solch fast paradiesischen Zustände können Sie mit wenig Aufwand in ganz kurzer Zeit erreichen.

Vielfältige Bodenbegrünung

Damit man nach einem Gewitter nicht gleich im Gartenboden versinkt, und um größere Bodenflächen rasch zu begrünen, bewährt sich die Anlage von Rasen-, Wiesen- und Bodendeckerflächen. Welcher Art Sie den Vorzug geben, hängt von der späteren Nutzung ab. Brauchen Sie eine stark belastbare Zone im Garten, in der Kinder herumtollen können, fallweise Feste gefeiert werden und auch der Hund seinen Spieltrieb ausleben kann, sollten Sie einen Rasen anlegen. Legen Sie jedoch auch Wert auf Blickpunkte, wollen Sie den Wechsel der Jahreszeiten aktiv erleben, das Blühen der Blumen, die Samen- und Fruchtbildung, dann sollten Sie sich für eine Wiese entscheiden. Geht es Ihnen jedoch nur um Bodenbegrünung, die nicht geschnitten werden muss, aber dennoch attraktiv aussieht, dann pflanzen Sie Bodendecker.

TIPP **Rasenflächen, Wiese und Bodendecker, bzw. Stauden und Sommerblumen als Bodenbegrünung wirken am besten in einer wohldurchdachten Kombination, wobei Sie die Rasenflächen in eine Blumenwiese und Staudenbeete einfach übergehen lassen. Das wirkt lebendig, abwechslungsreich und lädt ganzjährig zu einer Entdeckungsreise in Ihrem Garten ein.**

Sollten Sie aber vorerst nur eine schnelle Bodenbegrünung wünschen, weil Sie vielleicht noch weitere Bauarbeiten durchführen werden, oder erst später den Garten gestalten wollen, dann empfiehlt es sich, eine einfache Einsaat von Klee, Kräutern oder Leguminosen (z. B. Erbsen) durchzuführen, die, ein Jahr später in den Boden eingearbeitet, gleich als Gründünger fungieren kann. Durch diese Maßnahme, die Sie bereits in der Bauphase durchführen können, verwandeln Sie Baustellenboden ganz nebenbei in verbesserte Gartenerde.

Heidekraut ist ein pflegeleichter Bodendecker.

Rasen für ein aktives Gartenleben

Es gibt kaum einen Garten ohne Rasen, und der soll nahezu alle Aktivitäten aushalten, soll dicht, robust, widerstandsfähig und immer grün sein – ein hoher Anspruch an eine Mischung aus unterschiedlichen Gräsern.

Unter Rasen versteht man eine Fläche aus verschiedenen ein- und mehrjährigen Gräsern, welche mit Grassamen angebaut, oder mittels Fertigrasen angelegt eine dichte, den Boden völlig bedeckende Grasnarbe ergibt. Rasen muss regelmäßig geschnitten und gepflegt werden, um seine Dichtheit und Robustheit zu erhalten. Gänseblümchen, Löwenzahn, Breitwegerich und Klee sind meist im Rasen nicht erwünscht, beleben aber die monotone Grünfläche und sind ohne intensivste Pflegemaßnahmen, bis hin zum regelmäßigen häufigen Ausstechen, in unseren Breiten kaum zu verhindern. Wenn Sie diese Beipflanzen einfach akzeptieren, können Sie Ihren Grünraum viel besser und unbeschwerter genießen. Schließlich haben Sie dadurch weniger Arbeit und die Grünfläche ist weit abwechslungsreicher durch unterschiedliche Gewächse und Blüten.

Rasen in zwei bis drei Monaten

Die einfachste und kostengünstigste Methode einen Rasen anzulegen ist, Grassamen auszusäen. Die Entwicklung dauert bei guten Bedingungen zirka ein bis zwei Wochen für die Keimung, etwa einen Monat bis zum ersten Schnitt, bis nach rund zwei Monaten der Rasen dann trittfest ist.

Bodenvorbereitung und Aussaat

Lockern Sie den Boden ca. 20 cm tief, verbessern Sie die Erde bei Bedarf und je nach Bodenverhältnissen und rechen Sie die Oberfläche glatt ab. Zur gleichmäßigen Verteilung bringen Sie den Samen mittels Streuwagen aus und rechen noch einmal durch.

Drücken Sie den Samen mit Brettern oder einer Walze an und gießen Sie ihn mit feinem Wasserstrahl ein, aber nicht zu viel auf einmal, besser öfter, damit keine Lacken stehen bleiben.

Halten Sie den Samen gleichmäßig feucht, vor allem nach der Keimung.

Die Fläche sollte bis zum ersten Rasenschnitt nicht belastet und nicht betreten werden.

Mähen Sie den Rasen, wenn er ungefähr eine Hand breit hoch ist und stellen Sie den Rasenmäher dabei höher ein (ca. 4 cm). Am schnellsten geht es mit Rasenmischungen, die einen hohen Anteil an deutschem Weidelgras *(Lolium perenne)* haben, ein schnell keimendes Gras, welches auch gut belastbar ist.

TIPP **Vermeiden Sie Rasensamen mit integriertem Langzeitdünger und/oder Unkrautbekämpfungsmittel, da diese den Boden wieder stark mit Chemie belasten.**

Rasen in nur drei Wochen

Die schnellste Art, einen strapazfähigen Rasen zu erhalten, ist die Verlegung von Fertig- oder Rollrasen. Dabei handelt es sich um einen vorkultivierten Rasen, der mittels Schälmaschine vom Boden abgehoben wird und in Rollen zu 40 × 250 cm (= 1 m²) zum Verkauf angeboten wird. Damit erhalten Sie sofort eine dichte, unkrautfreie Rasennarbe, welche nach ungefähr zwei bis drei Wochen voll belastbar ist.

Mit dem Rasen erhalten Sie aber auch unter Umständen gleichzeitig jede Menge chemischer Rückstände, da Fertigrasen oft sowohl mit Düngern, als auch mit Unkrautverhütern behandelt wird. Achten Sie beim Kauf von Rollrasen daher speziell auf die Herstellung nach naturnahen Methoden, (z. B. gemäß Ö-Norm B 2240), nach der keinesfalls Dünger und Herbizide verwendet werden dürfen, von denen Negativimpulse auf die Bodenstabilität ausgehen können. Daher sollen nur langsam und nachhaltig wirkende, den Humusaufbau fördernde und ökologisch unbedenkliche Dünger für Begrünungen im Rahmen dieser Richtlinie verwendet werden. Dies gibt zumindest die Sicherheit, nicht wahre Chemiebomben ungewollt im Garten zu haben.

Fertigrasen ist zudem um Einiges teurer, und man sollte sehr genau überlegen, ob und wo man ihn überhaupt wirklich braucht. Eine Ansaat ist natürlich auch wegen des geringeren Transportaufkommens ökologisch vernünftiger.

Rollrasen ist mit einigem Geschick leicht selbst verlegbar.

Rollrasen richtig verlegen

Für rasches Anwachsen gehen Sie zunächst bis zum Abrechen wie bei der Rasensaat vor. Befeuchten Sie dann mittels Brause den Boden und beginnen Sie, den Rasen auszurollen. Verwenden Sie für die Verlegung Bretter zum Begehen der noch freien Bodenfläche, um Unebenheiten zu vermeiden.

Das Verlegen von Rollrasen ist nicht schwer.

Beginnen Sie an einer geraden Gartenseite und legen Sie die Rollen Stoß an Stoß im Ziegelverband, d. h. beginnen Sie die zweite Reihe mit dem Reststück der ersten Reihe, oder aber einer halben Rolle, so dass nie an der Schmalseite der

Rollen durchgehenden Fugen entstehen. Sind die Rollen zu lang, bzw. müssen kleinere Flächen belegt werden, kann der Fertigrasen mit dem Spaten oder einem Messer (verwenden Sie am besten ein altes Küchenmesser, denn dieses wird durch das Schneiden dann ganz stumpf) geschnitten werden.

Pflegetipps für schnelles Wachstum

RASENLÄNGE ~ Mähen Sie auf 3 cm Rasenlänge, der Rasen trocknet sonst zu rasch aus und außerdem gefährden Sie zahlreiche Nützlinge wie Marienkäfer, Spinnen oder Laufkäfer.

SPINDELMÄHER ~ Mähen Sie mit einem Spindelmäher oder Häckselmäher, der den feinen Rasenschnitt gleichmäßig auf der Rasenfläche verteilt und gleichzeitig und einfach eine Düngung durchführt.

WASSERGABEN ~ Gießen Sie häufig, aber nicht zu viel, der Rasen ertrinkt eher als dass er vertrocknet.

BODENBELÜFTUNG ~ Vertikutieren Sie ein- bis zweimal im Jahr, vorzugsweise im späten Frühjahr und im Herbst, speziell wenn Sie Moos im Rasen haben.

SCHATTENLEBEN ~ Moos entsteht an schattigen, feuchten Stellen. Verzichten Sie auf Rasen und erfreuen Sie sich am Moosteppich!

NÄHRSTOFFGABEN ~ Düngen Sie im Frühjahr und Frühsommer mit Brennnesseljauche, welche Sie selbst leicht herstellen können, die aber auch bereits im Handel erhältlich ist.

Wenn die Fläche fertig verlegt ist, drücken Sie die Rasensoden noch mittels Walze, oder mit Brettern an, damit keine Luft zwischen Erde und Fertigrasen bleibt, da diese das Anwurzeln verhindert. Gießen Sie den Rasen dann mit feinem Strahl ein und vermeiden Sie Lacken. Auch hier gilt: Regelmäßig, aber nicht zu viel gießen, der Rasen darf nur feucht werden.

Durch Anheben nach einiger Zeit können Sie feststellen, ob der Rasen gut angewachsen ist. Wenn er noch nicht verwurzelt ist, lässt er sich leicht abheben. Normalerweise dauert das Anwurzeln ein bis zwei Wochen. Wenn der Rasen angewurzelt ist, ist es meist auch schon Zeit zu mähen. Schneiden Sie nicht zu kurz (nicht unter 3 cm) und verwenden Sie einen Spindel- oder Häckselmäher. Das abgemähte Gras kann so liegen bleiben und dient zugleich als Dünger.

Nach wenigen Wochen sieht der Jungrasen bereits schön grün aus.

Eine Blumenwiese im Nu

Eine weitere Möglichkeit der raschen Begrünung ist die Aussaat einer Blumenwiese. Diese kann zwar nicht so belastet werden wie ein Rasen, hat dafür den Vorteil, dass sie sich im Laufe der Vegetationsperiode (Saison) ständig verändert, da die darin enthaltenen Gräser, Kräuter und Wiesenblumen zu unterschiedlichen Zeiten blühen. Zudem muss eine Blumenwiese nur maximal zweimal jährlich geschnitten werden.

In jedem Naturgarten sollte es eine Blumenwiese geben und sei diese noch so klein, da sie ein wichtiges Refugium für zahlreiche Nützlinge ist. Eine Blumenwiese wird jedes Jahr etwas anders aussehen und es dauert etwa drei bis fünf Jahre, bis sich die Blumen durchsetzen, die für den Standort geeignet sind, die Gräser hingegen bilden sicher und rasch schon nach drei bis vier Wochen eine dauerhafte Begrünung.

So machen Sie es richtig

Bereiten Sie den Boden vor wie bei der Rasensaat, und nehmen Sie eventuell eine Bodenverbesserung durch Beimengung von Kompost und Sand im Verhältnis 50:50 vor, wenn es sich um von Baumaschinen verdichteten Baustellenboden handelt.

Kaufen Sie Saatgut aus heimischer Produktion, da heimische Gräser und Wiesenblumen am besten an unsere Verhältnisse angepasst sind und den größten Erfolg versprechen. Für jeden Standort, ob trocken, nährstoffarm, feucht oder sumpfig sind bereits geeignete Mischungen im Handel erhältlich.

Säen Sie von April bis Mai oder September bis Oktober den Samen gleichmäßig über die ganze Fläche.

Nach der Saat drücken Sie mittels Brettern oder Rasenwalze den Samen an und bewässern die gesamte Fläche mittels Brause.

TIPP **Wenn Sie von Hand aussäen, vermischen Sie das Saatgut mit Sand, dann sehen Sie besser, wo bereits Samen liegt und so können Sie für eine gleichmäßige Aussaat sorgen.**

Wenn Sie eine bestehende Rasenfläche in eine Blumenwiese verwandeln möchten, vertikutieren Sie die Fläche kreuzweise, damit der Boden zwischen der Rasennarbe aufgerissen wird und säen Sie in die entstehenden Furchen. Sie können zusätzlich Wiesenblumen und Kräuter in den Rasen verstreut pflanzen, z.B. Margeriten, Mohn, oder Salbei – so geht es noch viel schneller, denn dann blüht die Wiese bereits im ersten Jahr.

Blumenwiesen verändern sich und es dauert meist drei bis vier Jahre, bis sich die Arten etablieren, die für den Standort geeignet sind.

Auch bei der Blumenwiese ist eine gute Vorbereitung wichtig.

Die Stars der Blumenwiesen

MARGERITE *(Leucanthemum vulgare)* ~ Die von Mai bis Juni blühenden Margeriten sind die Stars jeder Blumenwiese. Sie leuchten schon von Weitem und ziehen zahlreiche Nützlinge und Schmetterlinge an. Margeriten lieben frischen Gartenboden und sonnige Standorte, sie werden bis 60 cm hoch. Pflanzen Sie diese in Containern erhältlichen Stauden verstreut in Gruppen von drei bis zehn Stück in Ihre Blumenwiese. Im Frühjahr gepflanzt können Sie die Blütenpracht bereits kurz später in derselben Saison genießen.

KLATSCHMOHN *(Papaver rhoeas)* ~ Die wilde Form des Mohns blüht rot und bevorzugt als Pionierpflanze sandige bis lehmige, auch nährstoffarme, trockene Böden. Den Mohn bringen Sie am besten mittels Samen, den Sie auch selbst sammeln können, durch Ausstreuen in Ihre Blumenwiese. Er kann aber auch noch nicht blühend vereinzelt und an der Verwendungsstelle wieder eingepflanzt werden.

WIESENSALBEI *(Salvia pratensis)* ~ Der von Juni bis August violett blühende Wiesensalbei ist eine Bereicherung für jede Blumenwiese. Er wird bis 50 cm hoch und liebt frischen Gartenboden bei halbschattiger bis sonniger Lage. Sie können den Salbei als Containerpflanze kaufen und in Gruppen von drei bis zehn Stück in Ihre Blumenwiese setzen. So können Sie die Blüten bereits im ersten Jahr bestaunen.

KAMILLE *(Matricaria recutita)* ~ Die Kamille bevorzugt kalkarme, lehmreiche (leicht saure) Böden und blüht ausdauernd von Mai bis September. Als altbewährte Heilpflanze bekannt, bereichert sie jede Blumenwiese oder deren Ränder. Sie wird bis 30 cm hoch und kann sich bei optimalen Standortbedingungen rasch ausbreiten.

Schnittfreie Bodenbegrünung

Auch mit bodendeckenden Stauden, Sommerblumen und Gehölzen lässt sich eine schnelle Begrünung herstellen. Unter Bodendeckern versteht man Pflanzen, die ein stärkeres Breiten- als Höhenwachstum haben. Bodendecker können entweder als Samen, als Stecklinge, oder als fertige Topfpflanzen ausgebracht werden. Letztere ist die am häufigsten praktizierte Methode.

Beachten Sie, dass Stauden über den Winter ihre oberirdischen Pflanzenteile einziehen und daher über die Zeit bis zum neuerlichen Austrieb im Frühjahr keine Bodenbedeckung gegeben ist. Sommerblumen wiederum sind nur einjährig, so dass diese jedes Jahr neu auszusetzen oder anzubauen sind und über den Winter ebenfalls keine Bodendeckung gegeben ist. Sommerblumen schaffen eine Bodenbedeckung oft schon nach zwei bis drei Monaten.

Polsterphlox ist ein idealer Bodendecker im Steingarten.

Die dauerhafteste und pflegeleichteste Abdeckung des Bodens erreichen Sie mit Gehölzen, die teilweise immergrün sind und daher selbst in Gebieten mit wenig Schnee auch im Winter eine attraktive Bodenabdeckung ergeben. Es dauert jedoch ein bis zwei Jahre bis ein wirklicher Bodenschluss erfolgt.

TIPP **Rasen und Gehölzen helfen Sie auf die Sprünge, indem Sie ab April mit einem organischen Stickstoffdünger düngen und das Wachstum enorm beschleunigen. Ab August sind diese Düngergaben jedoch einzustellen, sonst können die Pflanzen nicht vor dem Winter ausreifen, was aber für deren Winterfestigkeit überlebenswichtig ist.**

Bodendecker richtig setzen

Bei der Bodenvorbereitung ist wie beim Rasen vorzugehen, lockern, abrechen, Steine entfernen und bei Bedarf eine Bodenverbesserung durchführen.

Das Setzen von bereits bewurzelten Pflanzen und Topfpflanzen führen Sie am besten mit einer Setzschaufel durch. Halten Sie dazu den Griff mit der ganzen Hand, so dass die Spitze der Schaufel nach unten und die offene Schaufelwölbung zum Körper zeigt. Stechen Sie damit in den Boden und ziehen Sie die Schaufel zu sich und nach oben wieder aus der Erde. So entsteht mit wenig Kraftaufwand ein Pflanzloch.

Um eine rasche Bodenschließung zu erreichen, setzen Sie je nach Pflanzenart und Größe acht bis zehn Pflanzen pro Quadratmeter. Nach dem Setzen drücken Sie die Erde leicht fest und gießen Sie mit Brause, oder mit einem nicht zu starken Strahl ein. Bei Sonne sollten Sie zusätzlich darauf achten, nicht auf die Pflanzen direkt zu gießen um Verbrennungen der Blätter zu vermeiden.

Bei der Aussaat beachten Sie die Anweisungen auf den Samenpackungen, was die Menge und Ausbringungsart anbelangt. Wichtig bei der Aussaat ist, dass Sie beim Eingießen vorsichtiger vorgehen müssen, um die Samen nicht wieder aus dem Boden auszuschwemmen. Also immer nur mit feinem Strahl oder Brause leicht übergießen und darauf achten, dass kein Wasser am Boden stehen bleibt. Gießen Sie lieber öfter und achten Sie vor allem nach der Keimung, dass die Pflänzchen nicht austrocknen. Keimlinge vertrocknen besonders leicht!

Pflanzen für schnelle Bodenbegrünung

Pflanzenname	Eigenschaft	Lichtverhältnisse	Bodenverhältnisse
Begrünung in zwei bis drei Monaten			
Kapuzinerkresse *(Tropaeolum majus)*	dichtwüchsig	sonnig	trocken-feucht
Steinkraut *(Lobularia maritima)*	dichter Teppich	sonnig	trocken
Begrünung in einem Jahr			
Blaugras *(Sesleria caerulea)*	sommergrün	sonnig	trocken bis feucht
Braunelle *(Prunella grandiflora)*	sommergrün	sonnig-halbschattig	trocken-feucht
Echter Gamander *(Teucrium chamaedrys)*	sommergrün	sonnig	trocken
Echte Katzenminze *(Nepeta cataria)*	sommergrün	sonnig	trocken bis feucht
Immergrün *(Vinca minor)*	immergrün	halbschattig-schattig	feucht-trocken
Johanniskraut *(Hypericum calycinum)*	teils immergrün	sonnig-halbschattig	trocken-feucht
Milder Mauerpfeffer *(Sedum sexangulare)*	immergrün	sonnig	trocken
Schafgarbe *(Achillea millefolium)*	sommergrün	sonnig	trocken
Teppichschleierkraut *(Gypsophila repens)*	sommergrün	sonnig	trocken
Teppichthymian *(Thymus serpyllum)*	sommergrün	sonnig	trocken
Wald-Erdbeere *(Fragaria vesca)*	teils immergrün	sonnig-schattig	feucht
Begrünung in ein bis zwei Jahren			
Heckenkirsche *(Lonicera pileata)*	immergrün	sonnig	feucht
Schneebeere *(Symphoricarpus chenaultii* »Hancock«)	sommergrün	sonnig-schattig	trocken-feucht
Wilder Wein *(Parthenocissus quinquefolia, P. tricuspidata)*	sommergrün	sonnig-schattig	feucht
Wildrose *(Rosa rugosa)*	sommergrün	sonnig	anspruchslos
Zwergmispel *(Cotoneaster dammeri)*	immergrün	sonnig-schattig	trocken-feucht

Der Nutzgarten

Ein Nutzgarten ist für Viele ein Höhepunkt in einem Naturgarten, denn hier werden alle Sinne angesprochen. Verschiedenste Blüten werden von bunten Schmetterlingen umschwärmt, Kräuter und Früchte laden zum Riechen und Naschen ein – Gemüse, Kräuter und Obst bereichern einfach jeden Garten. Mit dem richtigen Wissen ist es dabei denkbar einfach, solch einen sinnlichen Gartenbereich zu schaffen, zu genießen und auch einen Nutzen daraus zu ziehen.

Pflanzen für Leib und Seele

Der Nutz- oder Gemüsegarten ist jener Bereich im Garten, der alle Sinne anspricht. Hier blüht es nicht nur, es duftet auch herrlich nach Kräutern wie Pfefferminze, Basilikum, Thymian und Lauch. Und es gibt die ganze Saison über etwas zum Naschen, Verkosten, Zubereiten. Gemüse, Obst und Kräuter selbst anzubauen ist nicht nur ein Hobby, sondern bereichert auch den täglichen Speiseplan mit frischen Zutaten. Und das Schönste dabei ist, Sie wissen immer, was Sie essen, denn selbst gezogen und geerntet schmeckt es einfach besser.

Brombeeren gibt es auch in stachellosen Sorten.

Bei den Nutzpflanzen unterscheiden wir zwischen ein- und mehrjährigen Kräutern und Gemüsen sowie zwischen Beeren-, Kern- und Steinobst und Weinreben.

Die süßesten Früchte...

Beerenobst ⇝ Als Beerenobst werden Obstarten mit kleinen, meist weichen, fleischigen Früchten bezeichnet. Bei den Beerenobstarten handelt es sich um die bekannten Arten wie Stachelbeere *(Ribes uva-crispa)*, Himbeere *(Rubus idaeus)*, Brombeere *(Rubus fruticosus)*, Erdbeere *(Fragaria sp.)*, Johannisbeeren (*Ribes rubrum* und *R. nigrum*), Heidel- und Preiselbeere (*Vaccinium myrtillus* und *V. vitis-idaea*), sowie Holunder *(Sambucus nigra)*, die allesamt dem Wunsch nach einer raschen Ernte von Haus aus Rechnung tragen.

Kernobst ⇝ Zum Kernobst zählen Obstarten aus der Familie der Rosengewächse *(Rosaceae)*, die etwas länger brauchen, um uns mit reicher Ernte zu bedenken, kleine Gaben gibt es allerdings schon oft nach einem Jahr. Das sind

Apfel *(Malus domestica)*, Birne *(Pyrus communis)*, Quitte *(Cydonia oblonga)*, Mispel *(Mespilus germanica)*, Speierling *(Sorbus domestica)* und Eberesche *(Sorbus aucuparia)*.

STEINOBST Zum Steinobst, bei dem schon mehr Geduld nötig ist, gehören Pfirsich *(Prunus persica)*, Marille *(P. armeniaca)*, Kirsche (*Prunus avium* und *P. cerasus)*, Pflaume bzw. Zwetschke *(Prunus domestica ssp. domestica)*, Schlehdorn *(Prunus spinosa)*, Kornelkirsche *(Cornus mas)* und Walnuss *(Juglans regia)*. Diese sind als Steinfrüchte mit hartem Kern und fleischiger Hülle ausgebildet.

GRUNDREGELN Damit ein Nutzgarten nicht übermäßig viel Arbeit erfordert und zudem noch schnelle Ernte beschert, sind einige Grundregeln zu beachten. Nachfolgend finden Sie jene Kriterien wie Boden, Klima, richtige Pflanzenwahl, sowie Tipps und Tricks zur Beschleunigung des Wachstums und der Ernte.

Schnelle Ernte

Speziell bei den Nutzpflanzen ist die Bedachtnahme auf das Klima in Ihrer Region sowie die Bodenbeschaffenheit und dessen Nährstoffhaushalt besonders wichtig zum Erzielen einer raschen bzw. reichen Ernte.

Regelmäßige Nährstoffzufuhr garantiert üppiges Wachstum und reiche Ernte. Verwenden Sie zur Düngung am besten Kompost, den Sie im Garten selbst herstellen können. Zusätzlich können Sie noch Holzasche, Pflanzenjauche, Vogel- und Kuhmist, sowie Kalk bei Bedarf verwenden.

Am Spalier gezogene Birnen bringen frühe Ernte.

Kräuter und Gemüse

Die meisten Gemüse und manche Gewürze und Kräuter, wie Petersilie, Schnittlauch, Basilikum können Sie selbst aus Samen anbauen, wobei der richtige Zeitpunkt der Ansaat für den Erntetermin von Bedeutung ist. Manches Gemüse sollte in Abständen gesät werden, damit eine kontinuierliche Ernte gewährleistet ist. Dies ist besonders vorteilhaft bei Radieschen, Karotten, Mangold und Salat.

So kommen Sie schnell zu Karotten und Petersilie

Befüllen Sie Anfang Februar ein Gefäß aus Ton oder Holz mit fein gesiebtem, feuchtem Laubkompost, streuen Sie die Samen ein und vermengen diese mit der Erde. Bedecken Sie das Gefäß mit Moos und stellen dieses draußen an einen geschützten Platz. Wenden Sie die Erde alle paar Tage und wenn die ersten Keimspitzen nach ca. drei Wochen sichtbar sind, streuen Sie dieses Gemisch auf das vorbereitete Gartenbeet. Decken Sie alles mit Kompost und etwas Holzasche ab und drücken das Beet leicht an. Als Schutz vor Spätfrösten können Sie noch mit Reisig oder Laub abdecken. So lässt sich die Ernte um bis zu sechs Wochen vorverlegen.

Kräuterspirale für schnelles Gedeihen

Die Anlage einer Kräuterspirale ermöglicht auf engstem Raum Pflanzen mit unterschiedlichen Bedürfnissen und Ansprüchen unterzubringen. Zugleich ist ein Bearbeiten und Ernten wegen des erhöhten Aufbaues leichter möglich. Die optimalen Bedingungen beschleunigen das Wachstum und die Reife der Kräuter um bis zu einem Monat und es entsteht überdies ein attraktives Gartenelement, welches auch noch Nützlingen Unterschlupf und Behausung bietet. Die Größe eines solchen spiralenförmigen Beetes richtet sich nach dem Platz in Ihrem Garten. Als Mindestfläche sollten Sie jedoch mit 2 m^2 Gartenfläche rechnen.

So legt man die Basis für eine Kräuterspirale.

Bauanleitung Kräuterspirale

Suchen Sie sich einen sonnigen Platz, der praktischerweise nicht zu weit von der Küche entfernt sein sollte und beginnen Sie mit dem spatentiefen Aushub der runden Grundfläche. Befüllen Sie diesen Graben dann mit Grobmaterial wie Ziegeln, Lehm, oder Steinen und errichten Sie in der Mitte einen Hügel ebenfalls aus diesen Materialien (ca. 40–50 cm hoch). Dies geschieht deshalb, um einen stabilen, trockenen, warmen Körper für den Spiralenaufbau zu erhalten. Auf der südlich gelegenen Seite der Fläche graben Sie danach ein mindestens 1 m^2 großes und 60 cm tiefes Becken und legen dieses mit Teichfolie aus, wobei Sie die Folie zur Spirale hin etwas länger lassen und mit Erde überdecken. Die mit Wasser in Berührung kommende Erde wirkt dann wie ein Löschblatt und Feuchtigkeit wird in den unteren Bereich des Beetes transportiert. Mit größeren Steinen wird die Begrenzung der Spirale hergestellt, indem man die Steine spiralenförmig aufschichtet. In den Windungen wird dann das Pflanzsubstrat locker eingebracht.

Bepflanzung der Spirale

Der untere Teil der Kräuterspirale, in welchen Nährstoff zehrende Pflanzen kommen, wird mit Komposterde befüllt, danach folgt ein Bereich aus einem Gemisch von Erde und Sand im Verhältnis 50:50, für Kräuter mit geringerem Nährstoffbedarf. Am obersten Teil, wo die Wärme liebenden und anspruchsloseren Pflanzen eingepflanzt werden, verwendet man dann ein Erde-Sand-Gemisch im Verhältnis von 30:70.

Zum Schluss wird die Teichfolie am Rand mit Steinen abgedeckt und das Becken mit Wasser gefüllt. Nun kann auch schon gepflanzt werden. Pflanzen Sie am besten in der angegebenen Reihenfolge, die den Bedürfnissen der Pflanzen entspricht, von unten nach oben Wasserminze und Brunnenkresse in Wassernähe, dann anschließend Melisse, Petersilie und Schnittlauch, Kapuzinerkresse, Basilikum, Kamille, Ysop, Majoran, Bohnenkraut und Estragon. Ganz oben im trockenen Bereich fühlen sich Thymian, Salbei, Oregano, Lavendel und Rosmarin am wohlsten.

So sieht die fertig bepflanzte Kräuterspirale aus.

Hochbeete für einfache und schnelle Ernte

Hochbeete beschleunigen das Wachstum, sind leicht zu bearbeiten und bequem zu beernten. Sie geben dem Garten eine interessante Struktur, was gerade bei ebenen Grundstücken ein Gestaltungsvorteil sein kann. Auf ein Hochbeet können Sie alle Arten von Gemüse pflanzen.

Wie kommt es aber, dass Hochbeete ideal für schnelle Ernten sind? Nun, die Erde solcher Hochbeete erwärmt sich schneller – ein klarer Startvorteil im Frühjahr für alle Jungpflanzen. Es entsteht auch keine Staunässe, auch nicht nach längeren Regenperioden, und so kann man das Gemüse ein bis zwei Wochen rascher zum Wachsen und Fruchten bringen.

Die Ausrichtung der Beete sollte immer von Norden nach Süden erfolgen, um eine optimale Besonnung zu erreichen. Um die Beete von der Seite her leicht bearbeiten zu können, sollten Sie diese, wenn sie von beiden Seiten begehbar sind, maximal 1,2 m breit machen. Sollte ein Beet nur von einer Seite zugänglich sein, so ist eine Breite von 50–60 cm ideal.

Ein gemauertes Hochbeet bedeutet Ernte ohne Bücken.

Hoch hinaus – einfach gebaut

Beim Aufbau eines Hochbeetes gehen Sie folgendermaßen vor: Um Wühlmäuse abzuhalten legen Sie am Boden ein feinmaschiges Gitter, eventuell doppelt. Errichten Sie dann die Seitenwände der Beete aus Holzlatten, Baumstämmen, oder Holzpaneelen, lassen Sie aber eine Seite zur leichteren Befüllung vorerst offen. Auf das Gitter schichten Sie dann Äste, oder grobe Holzreste und decken diese mit gehäckseltem Holz und feinem Holzschnitt, sowie Laub ab. Darauf geben Sie dann halbreifen Kompost, bzw. Kompost und Pflanzenresten gemischt und zum Schluss füllen Sie das Beet mit Gartenerde auf. Fertig ist das Hochbeet! Die optimale Höhe für das Hochbeet ist 70–80 cm.

TIPP **Verwenden Sie Holz aus Lärche oder Kiefer, dieses hält am längsten und muss auch nicht imprägniert werden. Verwenden Sie kein druckimprägniertes Holz, da die Imprägnierung meist Schadstoffe enthält.**

Auch mit Hügelbeeten geht's schnell

Ein Hügelbeet hat etwa die gleiche Funktion wie ein Hochbeet, man erspart sich jedoch den Aufbau eines Rahmens. Das Bearbeiten ist allerdings auch mühsamer, da bis zur Sohle gepflanzt wird. Mit einem Hügelbeet gewinnen Sie ungefähr eine Woche Zeit bis zur Ernte.

Der Aufbau eines Hügelbeetes funktioniert zunächst ähnlich dem Hochbeet, also die Ausrichtung und die Abdeckung des Bodens mit Schutzgitter wird genauso vorgenommen.

In der Mitte legt man einen ca. 60 cm breiten und 40 cm hohen Streifen aus zerkleinertem Hecken- und Baumschnitt auf. Sind Rasensoden zur Hand, kann man diese mit den Wurzeln nach oben darauf schichten. Sie können auch eine 10 cm starke Lage Mist zusätzlich aufbringen. Darauf legen Sie eine 25–30 cm starke, gut angefeuchtete Laubschicht, auf diese kann auch noch gut abgelagerter Stallmist ca. 10 cm aufgebracht werden. Dann folgt eine 10 bis 15 cm starke Schicht Kompost und zum Abschluss mindestens 15 cm Gartenerde.

TIPP **Wer den Hügel, sprich den Hang schon im Garten hat, kann mit einer Terrassierung eine ähnliche Wirkung erreichen. Leichtere Bearbeitung, verbessertes Mikroklima, optischer Blickfang – und alles geht ein bisschen schneller.**

Kürbisse lieben nährstoffreiche Böden und Wärme – ideal fürs Hügelbeet.

Fruchtfolge für schnelles Wachstum und Ernte

Um Krankheiten zu vermeiden, sowie dem einseitigen Nährstoffentzug des Bodens durch die Pflanzen entgegen zu wirken, praktiziert man schon seit Generationen einen Fruchtwechsel im Gemüsebau. Das fördert die Gesundheit, Wachstum und Ertrag. Dazu legen Sie drei gleich große Beete an und wechseln die Bepflanzung der Beete dann jährlich im Uhrzeigersinn. Bereiten Sie Beet 1 mit ausreichend Komposterde im Herbst vor und bepflanzen Sie dieses Beet im Frühjahr mit Kürbis, Gurken, Zucchini, Kohl und Sellerie. Bringen Sie auf Beet 2 im Frühjahr etwas Kompost auf und arbeiten diesen gut ein, bepflanzen Sie mit Karotten, Mangold, Salat Knoblauch, Zwiebel, Radieschen und rote Rüben, sowie Paprika. Auf Beet 3 kommen Erbsen, Bohnen, Dill, Borretsch und Kamille, ohne zusätzliche Bodenverbesserung. Dieses Beet sollte auch nicht nachgedüngt werden, im Herbst belassen Sie jedoch die Wurzeln von Erbsen und Bohnen in der Erde und lassen die oberirdischen Pflanzenteile auf dem Beet als Mulchschicht liegen.

»Heurige«

Kartoffeln treibt man ab Anfang April in Kisten, dicht an dicht gelegt im hellen Keller bei 8–10° C ohne Erde vor um bis zu ein Monat schnelleren Ertrag zu erzielen. Den besten Ertrag liefern Kartoffeln mit vier bis fünf Keimen. Wenn Sie bereits Mitte bis Ende März Knollen 6 cm tief in die Erde legen und mit einer Schichte Laub abdecken, um Frostschäden zu vermeiden, können Sie schon Anfang Juni ernten.

Gute Nachbarn

Diese Gemüsearten passen sehr gut zusammen und fördern sich gegenseitig bei Wachsen:

- Karotten und Zwiebeln
- Erdbeeren mit Zwiebeln und Knoblauch
- Salat mit Kohlrabi, Radieschen
- Tomaten mit Petersilie, Kohl und Sellerie
- Bohnen mit Kohl und Rote Rübe

Tomaten gibt es in vielen Sorten – hier die gestreifte 'Tigerella'.

TIPP Tomaten sollten jedes Jahr an dieselbe Stelle gepflanzt werden, dann wachsen sie besser und schneller!

Früh, früher, am frühesten

Prinzipiell können Sie Gemüse möglichst früh ernten, wenn Sie es in einem Glashaus oder im hellem Zimmer vortreiben. Das heißt, es wird in Kistchen ausgesät, dann pikiert (vereinzelt), oder in Töpfe gesetzt und nach den Eismännern (ab Mitte Mai) ins Freiland-Gemüsebeet ausgesetzt.

Bei der direkten Aussaat im Freiland sollte das Klima berücksichtigt werden. Je nach Klimazonen ergeben sich Differenzen bis zu vier Wochen, Im Tiefland oder im Süden kann schon viel früher mit der Aussaat begonnen werden als in höheren Lagen oder im Norden. Im Allgemeinen kann man sich an den Angaben der Samenhersteller und der ortsüblichen Erfahrung genügend orientieren.

Beachten Sie, dass frühere Direktsaat nicht gleich frühere Ernte bedeutet, da ein Kälteeinbruch das Wachstum stark beeinträchtigen kann und unter Umständen später gesäte Arten solch »gehemmte« Pflanzen noch überholen.

Um auf Nummer sicher zu gehen, können Sie aber einen Teil der Samen schon sehr früh aussäen, sobald die Witterung stimmt. Wenn der Vorsprung zu halten ist, können Sie früher ernten. Sollte der Winter noch einmal zurückkommen, säen Sie den Rest zur normalen Zeit aus, dann kann kaum etwas schief gehen!

Erntevorsprung erzielt man durch Anzucht in Töpfchen.

Aussaatkalender

Anbauzeit	Gemüse	Erntezeit
Februar	Knoblauch	August
Februar	Schalotten	August
März	Radieschen/Rettich	April
März	Mangold	Mai
März	Spinat	Mai
März	Salat	Mai
März	Schnittlauch	Mai–Oktober
März	Erbsen	Juni
März	Petersilie	Juni–November
März	Karotten	Juli
März	Karfiol	Juli
März	Tomaten	ab Juli
März	Zwiebel	Juli
März	Melanzani	August
März	Paprika/ Pfefferoni	August
März	Sellerie	August
März	Rotkraut	August
März	Kren	September
März	Schwarzwurzel	September
April	Radieschen	Mai
April	Rhabarber	Mai
April	Salat	Juni
April	Mangold	Juni
April	Erbsen	Juli
April	Feuerbohne	Juli
April	Kohlrabi	Juli
April	Brokkoli	August
April	Fenchel	August
April	Karotten	August

Anbauzeit	Gemüse	Erntezeit
April	Karfiol	August
April	Rotkraut	September
April	Schwarzwurzel	Oktober
Mai	Basilikum	Juni–September
Mai	Rhabarber	Juni
Mai	Busch- und Stangenbohnen	Juli
Mai	Mangold	Juli
Mai	Salat	Juli
Mai	Kohlrabi	August
Mai	Karotten	September
Mai	Karfiol	September
Mai	Rote Rübe	Oktober
Mai	Rotkraut	Oktober
Juni	Mangold	August
Juni	Salat	August
Juni	Karotten	Oktober
Juni	Rote Rübe	Oktober
Juni	Sprossenkohl	Oktober
Juli	Mangold	September
Juli	Salat	September
Juli	Chinakohl	Oktober
August	Mangold	Oktober
August	Salat	Oktober
August	Spinat	Oktober
August	Radieschen	Oktober
August	Vogerlsalat	Oktober
August	Winterzwiebel	April
September	Mangold	November
September	Vogerlsalat	November

Beerenobst

In keinem Garten sollte Beerenobst fehlen, denn dieses lässt sich leicht und schnell ziehen und wahre Naschkatzen kommen hier das ganze Gartenjahr auf ihre Rechnung.

Erdbeeren

Am schnellsten und einfachsten zu ziehen sind die wohlschmeckenden Erdbeeren, die Sie im Herbst durch Teilung bzw. Trennung der Kindl leicht selbst vermehren können. Das Erdbeerbeet sollte stets der Sonne zugewandt sein, so reifen die Früchte am schnellsten. Setzen Sie die Pflanzen nicht zu dicht, sondern im Abstand von 25–35 cm. Damit Sie auch jedes Jahr reichlich ernten können, müssen Sie spätestens alle zwei Jahre die Pflanzen gegen neue tauschen, bzw. die entstandenen Kindl an Stelle der Mutterpflanzen setzen. Jährliche Kompostgaben (2–4 l pro m^2) beschleunigen dabei das Wachstum.

Die Erdbeeren sind passende Kandidaten für ein Hochbeet oder Hügelbeet!

Weiße Johannisbeeren lassen sich vielseitig in der Küche verwenden.

TIPP **Zur Wachstumsförderung und Gesunderhaltung pflanzen Sie Knoblauch und/oder Schnittlauch zwischen die Erdbeeren. Decken Sie den Boden vor der Fruchtreife mit trockenem Stroh ab – das ergibt saubere und trockene Früchte, die nicht so leicht faulen.**

Rote und Weiße Johannisbeeren

Johannisbeeren tragen erstmals an zweijährigen Trieben, daher empfiehlt es sich, ältere Pflanzen zu besorgen, um rascher zu einem Ertrag zu kommen. Sie sind anspruchslos, robust und gedeihen auch im Halbschatten. Damit sich ausreichend Fruchttriebe entwickeln, schneiden Sie im Winter die Triebe bis zur Hälfte ab und düngen Sie mit Kompost im Frühling. Johannisbeeren gedeihen auch noch gut in höheren Lagen.

Schwarze Johannisbeere

Die schwarze Johannisbeere fruchtet bereits auf den vorjährigen Trieben und benötigt nährstoffreichen Boden. Düngen Sie regelmäßig mit Kompost oder Pflanzenjauchen, um das Wachstum zu beschleunigen. Entfernen Sie ab dem dritten Jahr im Herbst oder Winter ca. ein Drittel der ältesten Zweige dicht am Boden – das fördert den Wuchs neuer Triebe.

Johannisbeeren wachsen besonders gut und gesund in Gesellschaft von Wermut *(Artemisia absinthium)*, den Sie einfach zwischen die Sträucher pflanzen.

Brombeeren und Himbeeren

Die wüchsigsten unter den Beeren sind wohl die Brombeeren und die Himbeeren, gleichermaßen pflegeleicht und anspruchslos. Sie beginnen bald zu wuchern und müssen daher manchmal in Schach gehalten werden. Sonnige Gartenplätze sind wegen der Fruchtreife zu bevorzugen. Brombeeren sollten Sie eine Rankhilfe geben und aufbinden, so kann auch leichter geerntet werden. Beide brauchen kaum gedüngt werden. Lassen die Erträge nach, kann etwas Kompost helfen. Mulchen hat sich bisweilen sehr bewährt, weil dies den Boden locker und feucht hält und gegen das Unkraut hilft.

TIPP **Um den Boden locker und feucht zu halten, bringen Sie eine Mulchschichte aus Rinde, gehäckselten Ästen oder Laub auf. Diese hält die Fläche unkrautfrei und bringt wichtige Nährstoffe in den Boden. Damit geht das Wachstum noch schneller!**

Himbeeren bereichern jeden Nutzgarten.

Kern- und Steinobst

Kern- und Steinobst kann man in verschiedenen Wuchsformen ziehen, nämlich als Büsche, Halbstämme und Hochstämme. Buschbäume zeichnen sich dadurch aus, dass sie mit Ausnahme der Birnen (diese tragen bis zu drei Jahre später) bereits im ersten Jahr Früchte tragen können. Buschbäume sind auch leichter zum Schneiden und Ernten , jedoch bringen sie nicht so viel Ernteertrag wie ein Hochstamm. Dieser wiederum kann ein attraktiver Schattenspender sein, ist jedoch schwerer zu bearbeiten und zu ernten. Halbstämme liegen genau dazwischen, der Kronenansatz ist nicht so hoch bei Hochstämmen, und beginnt bei rund 120–150 cm.

MINIOBSTBÄUME Neuerdings gibt es auch sogenannte »Miniobstbäume«, Züchtungen, die schnelle Früchte an kleinen Pflanzen versprechen. Wie haltbar solche Züchtungen sind, bleibt allerdings dahingestellt. Es gibt auch den netten Brauch, bei der Geburt eines Kindes einen Obstbaum zu pflanzen. Wenn der Täufling in den Kindergarten kommt, können bei einem Minibaum bereits die ersten Früchte geerntet werden.

AUF KLEINEM FUSS Für kleinere Gärten, Terrassen und in Trögen eignet sich ebenfalls der Busch am besten, Halbstämme sind ebenfalls empfehlenswert, da für die Ernte und Schnittmaßnahmen keine Leitern benötigt werden. Hochstämme sollten nur in größeren Gärten und wenn auch Schatten benötigt wird, gepflanzt werden. Am vorteilhaftesten ist es immer, die Pflanzen aus Baumschulen der Region zu besorgen, in denen sie auch gezogen wurden.

PFIRSICH UND MARILLE Am wärmebedürftigsten sind Pfirsich und Marille, die Sie vorzugsweise an Hausmauern pflanzen sollten. Die Wärmerückstrahlung der Wand lässt Sie bereits nach drei Jahren um einiges mehr ernten als bei frei stehenden Bäumen. Regelmäßige Gaben von Kompost und/oder Pflanzenjauchen fördern auch hier das Wachstum und die Qualität der Früchte.

TIPP **Jährlicher Obstbaum-Formschnitt fördert das rasche Wachstum und die Ernteerträge. Dieser Obstbaumschnitt sollte im Winter (Jänner bis Mitte März) stattfinden. Ausnahme: der Nussbaum sollte im Sommer (August) geschnitten werden.**

Weinreben

Achten Sie beim Kauf von Weinreben auf die Ansprüche an das Klima, um rasch einen üppigen Weinstock zu erhalten. Sie gedeihen gut an einem sonnigen, warmen, luftigen Platz und lieben Hauswände und Zäune. Weinreben schaffen so Trieblängen bis zu vier Meter pro Jahr. Sie brauchen auf jeden Fall ein Rankgerüst und müssen aufgebunden werden. Schnittmaßnahmen an den Trieben sollten ausschließlich im Winter (Jänner und Februar) an frostfreien Tagen durchgeführt werden.

Kinder lieben Obstbäume zum Klettern.

TIPP **Achten Sie beim Kauf von Obstbäumen auf alte, bereits bewährte und krankheits- bzw. schädlingsresistente Sorten. Das bringt schneller Erfolg!**

Kernobst

Die bei uns bekannten Kernobstgewächse Apfel, Birne, Quitte, Mispel und Eberesche gehören zu den Rosengewächsen. Ihre Früchte werden als Apfelfrüchte bezeichnet. Sie sind die häufigsten bei uns anzutreffenden Obstgewächse im Garten. Es gibt sie im Handel als Büsche, Halbstämme und Hochstämme.

ÄPFEL lieben nicht allzu nährstoffreichen, feuchten, aber durchlässigen Boden und gedeihen im Halbschatten ebenso wie in voller Sonne.

BIRNEN benötigen kühlere Temperaturen um Fruchtansätze zu bilden , sie eignen sich daher für nicht zu heiße Lagen.

QUITTEN lieben hingegen wärmere Lagen, vorzugsweise Weinbaugebiete, in denen sie sich prächtig entwickeln können.

MISPELN sind wärmeliebend und bringen Früchte, welche nach dem ersten Frost gepflückt und erst nach zwei bis drei Wochen kühler Lagerung genießbar werden.

EBERESCHEN sind dagegen echte Allrounder, sie wachsen fast an jedem Standort und können bis 100 Jahre alt werden.

TIPP **Gießen Sie die Weinreben im Sommer regelmäßig, halten Sie diese aber trocken, sobald die Trauben zu reifen beginnen. Düngen Sie mit Kompost und mulchen Sie mit Gras oder Holzhäcksel im Frühjahr, dann erhalten Sie reiche Ernte.**

Blütenpracht und Augenweide

In jedem Garten gibt es Bereiche, wie die Beete um die Terrasse, den Eingangsbereich, oder den Vorgarten, in denen man gerne besonders wirkungsvolle, dekorative Gewächse haben möchte. Wirkung zeigen Pflanzen durch besonderen Wuchs, auffälliges oder buntes Laub, farbenfrohe Blüten und betörende Düfte. Solche Blickpunkte und Akzente möchte man meist recht rasch im Garten setzen und nicht ewig darauf warten müssen.

Duft, Farbe und Wirkung

Jede Pflanze für sich ist bereits ein Kunstwerk und wirkt durch ihre ureigenen Besonderheiten. Dennoch gibt es Pflanzen, die eine besondere Wirkung haben und die Attraktivität von Vorgarten, Sitzplatz, Terrasse, & Co. heben können. Blütenpflanzen und hier im Speziellen die einjährigen Sommerblüher punkten durch rasche Entwicklung und lang anhaltende Farbenpracht. Aber auch ausdauernde, mehrjährige Stauden eignen sich hervorragend für eine rasche und attraktive Pflanzung. Und natürlich gibt es auch noch Gehölze, welche durch rasches Wachstum und auffallende Blätter, Blüten oder Wuchs als dekorative Elemente Verwendung finden. Nicht zu vergessen sind die Zwiebel- und Knollenpflanzen, die, im Herbst gepflanzt, bereits im zeitigen Frühjahr ein Blütenmeer ergeben und die Luft mit zartem Frühlingsduft anreichern.

Ob Sie nun vorwiegend Sommerblumen, Stauden, Gehölze oder Zwiebelpflanzen verwenden werden, hängt natürlich sehr stark vom Verwendungszweck und dem gewünschten Arbeitsaufwand ab. Hier finden Sie Vorschläge für Pflanzen, die besonders schnell wirken.

Lückenloser Blickfang

Pflanzen Sie gemischte Beete mit früh blühenden Zwiebel- und Knollengewächsen, Stauden und Sommerblumen und dazwischen einzelne oder kleine Gruppen von Gehölzen zur Raumbildung. Die Zwiebel und Knollenpflanzen treiben früh aus und blühen bereits, bevor die Stauden noch austreiben und schaffen somit schnell Blickpunkte. Wenn dann die Stauden austreiben, ziehen die Frühblüher bereits wieder ein. Entstehende Lücken können im Frühsommer mit Sommerblumen sehr rasch geschlossen werden. So schafft man schnell ein abwechslungsreiches und stets attraktives Gartenstück.

Duftpflanzen

Pflanzenname	Blütenfarbe	Duft
Abendlevkoje (*Matthiola longipetala* ssp. *bicornis*)	zartrosa bis violett	köstlich, würzig, abends
Gewürztagetes 'Lemon Gem' *(Tagetes tenuifolia)*	zitronengelb	fruchtiges Zitrusaroma
Goldlack 'Persian Carpet' *(Cheiranthus cheirii)*	samtig goldgelb	köstlich, süß

Sommerblumen

Sommerblumen müssen innerhalb einer Vegetationsperiode ihre volle Entwicklung erreichen und möglichst viele Samen bilden, um ihre Art zu erhalten. Deshalb geht ihre ganze Kraft in Wachstum und Blüte, was Sie sich für eine schnelle Bepflanzung Ihrer besonderen Gartenstellen zunutze machen können. Sommerblumen können Sie zudem selbst leicht ziehen, wenn Sie die räumliche Möglichkeit dazu haben. Es reicht aber oft schon ein helles Zimmer oder ein Folienhaus im Garten um die Pflanzen vorzutreiben. Dazu können Sie jedes Jahr dann die Samen der eigenen Pflanzen verwenden, die Sie im Vorjahr abgeerntet haben.

TIPP **Ernten Sie die Samen immer erst knapp bevor diese von selbst ausfallen, also wirklich reif sind! Beschriften Sie die Samen gleich und bewahren sie in Behältern aus Papier, oder Karton trocken und kühl auf.**

Zum Vortreiben verwenden Sie am besten Kisten oder Obststeigen, welche mit reifer Komposterde, gemischt mit Gartenerde im Verhältnis 50:50 befüllt werden. Streuen Sie die Samen entweder in Rillen, oder drücken Sie vor allem größere Samen einzeln, aber nicht zu tief in die Erde und bedecken die Samen wenig mit feiner Erde. Markieren Sie die einzelnen Kisten, damit keine Verwechslungen entstehen und gießen Sie vorsichtig mit der Brause. Sobald die Keimlinge sichtbar sind, darf die Erde nicht mehr austrocknen, sonst sterben die Pflanzen ab.

Wenn die ersten Laubblätter nach den Keimblättern entwickelt sind, können Sie die Jungpflanzen vereinzeln (pikieren). Schneller geht es, wenn Sie gleich in Töpfe setzen, die aber nicht zu groß sein dürfen (max. 7 cm). Haben sich dann kräftige kleine Pflanzen entwickelt und ist das Wetter schon beständig, das heißt, es gibt keine Fröste mehr, dann härten Sie die Pflanzen ab, indem Sie diese öfter ins Freie stellen, oder das Folienhaus offen lassen, so dass sich die Pflänzchen an das Klima gewöhnen. Sind über längere Zeit keine Fröste mehr zu erwarten, können Sie die Pflanzen ins Freie setzen.

TIPP **Um Sommerblumen noch schneller zum Blühen zu bringen, düngen Sie gleich bei der Pflanzung mit 2–5 l Kompost pro m^2, oder Pflanzenjauchen, die wegen Verbrennungsgefahr aber nur über den Boden gegossen werden sollten, denn Sommerblumen brauchen viel an Nährstoffen.**

Nachfolgende ein- und mehrjährige Sommerblüher sind besonders schnell in ihrer Entwicklung und wirken schon nach zwei bis drei Monaten:

Sonnenblume
(Helianthus annuus)

Eine alte Bauernpflanze, welche in keinem Gemüse- und Vorgarten am Land fehlen durfte, ist die Sonnenblume. Sie lockt durch ihre Größe und Farbe die für die Bestäubung wichtigen Insekten an und ist obendrein noch sehr dekorativ. Sonnenblumenrekord sind 4 m, in der Regel werden sie aber 1,5 bis 2,5 m groß. Sie eignen sich auch als Grenzpflanze und Sichtschutz, wenn man diese in Dreierreihen anpflanzt. Schneller geht es, wenn Sie Sonnenblumen gleich im Topf ab Mitte Februar vortreiben. Viele Sorten und Farben schaffen Abwechslung.

Rhizinus
(Ricinus communis)

Diese dekorative, hauptsächlich durch das Blattwerk und seinen Habitus wirkende Pflanze eignet sich bestens als Solitär oder für Kübelpflanzung. Rhizinus, auch Wunderbaum genannt, wird bis 2 m hoch und wächst ausladend, sofern er an einem sonnigen Platz in nährstoffreicher Erde gepflanzt wird. Raschen und gesunden Wuchs erreichen Sie durch das Vortreiben im Topf bei 18–20° C in nährstoffreicher Komposterde und nach dem Aussetzen durch reichlich Düngergabe.

Stockrosen *(Althea rosea)*

Stockrosen sind meist zweijährige Pflanzen, d.h. im ersten Jahr werden Blätter gebildet und im zweiten Jahr findet die Blüte statt. Stockrosen blühen fast in allen Farben und auf Grund ihrer Größe von bis zu 2 m eignen sie sich bestens als Hintergrundpflanzen oder Solitärpflanzen. Im Bauerngarten ist die Stockrose eine der beliebtesten Blütenpflanzen am Zaunrand. Rasch geht es, wenn Sie die Pflanzen in Töpfen vortreiben, in reine Komposterde setzen und im zweiten Jahr mit Kompost oder Pflanzenjauche kräftig nachdüngen.

Eine sehr dunkle Sorte der Stockrosen ist die var. 'Nigra'.

Balsamine
(Impatiens balsamine)

Diese einjährige unermüdlichen Blüher leuchten in allen Farben von weiß, rosa, lila, purpur bis orange. Balsaminen sind für sonnige bis halbschattige Lagen geeignet, jedoch sollten Sie sie nicht zu trocken halten. Sie werden bei humosen Böden bis 60 cm hoch, es empfiehlt sich daher für rasches Wachstum ausreichend mit Kompost zu düngen. Eine Vorkultur ab Ende Februar beschert Blüten bereits ab Juni.

Stechapfel *(Datura stramonium)*

Im Gegensatz zu den als Kübelpflanzen bekannten Datura ist der einjährige Stechapfel weiß blühend und wird maximal 1 m hoch, wächst sehr buschig und betört mit seinem Blütenduft. Die Pflanze ist giftig, also Vorsicht bei Kindern! Er eignet sich aber bestens als Hingucker in Vorgärten und auf Terrassen. Stechapfel können Sie ebenfalls leicht selbst ernten und ab Februar anbauen. Die Pflanze verträgt Sonne bis Schatten, sollte aber immer feucht gehalten werden. Reichlich gedüngt mit Kompost und Pflanzenjauche wird das Wachstum und die Blüte beschleunigen.

Wicken *(Lathyrus odoratus)*

Wenn Sie rasch einen Zaun begrünen wollen, eignen sich einjährige Wicken besonders gut. Wicken sind zwar zarte Pflänzchen, die aber an einer Rankhilfe täglich bis 20 cm zulegen können. Sie können direkt an die Verwendungsstelle aussäen, aber bitte erst spät im Frühling nach den letzten Frösten. Schneller geht es aber wieder durch Vortreiben in Töpfen. Kräftig verzeigte Pflanzen erhält man durch Entspitzen der Jungpflanzen. Für eine ausdauernde und fortgesetzte Blühperiode sollten die Blüten vor dem Verblühen abgeschnitten werden, so wird der Vermehrungstrieb der Pflanze angeregt und sie bilden Blüte über Blüte. Wicken halten sich auch gut in der Vase und verströmen einen betörenden Duft.

Pflanzen Sie Wicken als wohlriechende Schnittblumen.

Nach den blauen Blüten leuchten die roten Früchte der Lampionblumen.

Lampionblume *(Nicandra physaloides)*

Die bis 80 cm hoch werdende blaue Lampionblume hat einen lockeren Wuchs und ist eine sehr dekorative einjährige Pflanze, die leicht im Garten selbst zu ziehen ist. Da sie sich auch selbst aussät, spart sie Ihnen auch Arbeit im nächsten Jahr. Wenn es jedoch schneller gehen soll, sollten Sie auch diese Pflanze ab Anfang März vortreiben. Sie ist sehr genügsam und wächst in sonnigen bis halbschattigen Bereichen des Gartens.

Wunderblume *(Mirabilis jalapa)*

Der Name Wunderblume entstand wohl auf Grund der unterschiedlichen Blütenfarben an einer einzigen Pflanze. Diese reichen von weiß bis gelb und rosa, sowie mehrfärbigen Blüten, bis zu nur einfärbig blühenden Pflanzen. Die Pflanzen werden sehr buschig, bis 50 cm hoch und lieben volle Sonne bei feuchtem, nährstoffreichem Boden. Beschleunigen Sie das Wachstum und die Blüte durch die Aussaat im Februar in Kisten und ab der Auspflanzung durch regelmäßige Düngung mit Brennnessel- und oder Beinwelljauche.

Kapuzinerkresse *(Tropaeolum majus)*

Wenn Sie eine Pflanze suchen, die rasch den Boden bedeckt, bis in den Winter hinein blüht und zudem auch noch zur Schädlingsbekämpfung beiträgt, dann pflanzen Sie Kapuzinerkresse. Diese Dauerblüher gibt es in den Farben gelb, orange, lachs und gelb/rot, sie bilden zahlreiche Samen für die leichte Vermehrung und in nährstoffreicher Komposterde wuchern diese sehr schnell. Die Pflanze bildet Bodenranken, kann aber mit Hilfe einer Stütze auch in die Höhe schlingend gezogen werden. Am Boden erreichen sie eine Höhe von 40 cm und sie können sowohl sonnig als auch schattig gesetzt werden.

Studentenblume (*Tagetes* Hybriden)

Sehr bekannt und beliebt sind die zahlreichen Tagetes – Sorten (Studentenblume). Sie punkten zudem mit ihrer schädlingsabwehrenden Wirkung. Einzig die Schnecken können ihnen zu schaffen machen. Studentenblumen sind anspruchslos und gedeihen sowohl im Halbschatten wie in voller Sonne, ausreichende Feuchtigkeit vorausgesetzt. Kräftige Pflanzen erhalten Sie schnell durch den Anbau im Februar in Kisten und dem späteren Umsetzen in Töpfe, dann haben Sie bereits im Mai kräftige, blühende Pflanzen.

Löwenmaul *(Antirrhinum majus)*

Die an Blütenfarben wohl reichhaltigste Art der Sommerblüher ist das Löwenmaul, die es von weiß bis rosa, lila, rot, orange bis gelb gibt. Sie sind dankbare Pflanzen an trockeneren, durchlässigen Standorten und echte Dauerblüher, die ebenfalls leicht selbst vermehrt werden können. Es gibt unter ihnen höhere, bis 40 cm hohe Arten und niedrigere bis 15 cm, die sich beide sehr gut als Zwischenpflanzungen zu niedrigeren Arten eignen. Schneller geht es durch Vortreiben ab Mitte Februar bei 20 °C.

Fuchsschwanz (*Amaranthus* in Sorten)

Eine bekannte Sommerblume ist der Fuchsschwanz, welcher in vielen Farben von rot über orange bis gelb erhältlich ist. Er liebt sonnige, trockene bis halbfeuchte Böden, und ist sehr dekorativ für Gruppenpflanzungen zwischen Stauden einzusetzen oder passt als Vorpflanzung vor Sträucher und Hecken. Er eignet sich sogar gut für Pflanzgefäße. Probieren Sie einmal Fuchsschwanz als Alternative am Balkon! Er blüht ununterbrochen den ganzen Sommer bis zum Frost. Treiben Sie den Fuchsschwanz bereits im Februar vor, dann haben Sie schon im Mai blühende Pflanzen.

Fleißige Lieschen *(Impatiens walleriana)*

Das einfache Fleißige Lieschen ist einer der dankbarsten Sommerblüher für Schattenlagen oder halbschattige Standorte. Im Gegensatz zu oft angebotenen Hybridsorten (Edellieschen) bildet das einfache Fleißige Lieschen Samen aus, die Sie selbst wieder anbauen können. Eine Aussaat Mitte Februar beschert weiße und rosa Blüten bereits im Mai und eine Blühperiode bis zum ersten Frost. Zu beachten ist, dass aus Samen von rosa Pflanzen durchaus im nächsten Jahr weiß blühende Pflanzen werden können!

Ringelblume *(Calendula officinalis)*

Der Name dieser Sommerblume kommt von ihren Samen, welche ringelförmig ausgebildet sind und deshalb ein unverkennbares Merkmal sind. Ringelblumen gibt es in gelb und orange. Sie sind hervorragende Bodenverbesserungspflanzen und helfen vorbeugend im Kampf gegen Schädlinge und Krankheiten. Sie sollten daher in keinem Naturgarten fehlen! Vorgezogen und mit Komposterde versehen bedecken die Ringelblumen rasch den Boden, halten ihn so feucht und unkrautfrei. Sie werden bis 20 cm hoch und blühen von Mai bis zum Frost.

Tausendschön (*Bellis perennis* Sorten)

Diese den Gänseblümchen verwandten Sommerblumen-Züchtungen gibt es in den Farben Weiß, Rot und Rosa und sie eignen sich hervorragend für Rand- und Kistchenbepflanzungen, da sie breitwüchsig und bis maximal 15 cm hoch werden. Sie sind anspruchslos und leicht auch mit Samen ab Ende Februar zu vermehren. Kompostgabe beschleunigt auch hier das Wachstum.

Steinkraut *(Alyssum saxatilis)*

Wenn Sie einen dankbaren, rasch wüchsigen Bodendecker suchen, der sich auch für Böschungen eignet, sind Sie mit dem Steinkraut gut beraten.Je nach Art blühen diese weiß, oder gelb, sie werden 10 bis 20 cm hoch und wachsen stark in die Breite, so dass eine einzelne Pflanze einen Durchmesser bis 30 cm erreichen kann. Bei Selbstaussaat dauert die Entwicklung lange, schneller geht es, wenn Sie die Pflanzen in Kisten vortreiben. Steinkraut wächst an sonnigen und schattigen Gartenstellen und eignet sich gut als Einfassungspflanze.

Stauden

Stauden sind mehrjährige, krautige Pflanzen, welche im Frühjahr austreiben, über die Vegetationsperiode Blätter, Triebe und Blüten ausbilden, im Herbst einziehen und von denen nur die unterirdischen Pflanzenteile überwintern. Einmal ausgesetzt, treiben Stauden jedes Jahr wieder aufs Neue aus und verbreiten sich durch Ausläufer, oder Samen. Stauden müssen daher, ebenso wie Sommerblumen, innerhalb einer Saison ihre volle Größe erreichen, um Samen bilden zu können. Stauden gehören in jeden Naturgarten, da die Arten- und Blütenvielfalt viele Nützlinge anlockt und Unterschlupf und Schutz bietet.

Stauden kann man sowohl käuflich als Topfpflanzen erwerben, als auch, je nach Pflanzenart durch Teilung, oder durch Samen selbst vermehren.

Stauden teilen

Die beste Zeit um Stauden zu teilen, ist nach deren Blüte. Wählen Sie zum Teilen nur starke, buschige Pflanzen aus und verwenden Sie zur Teilung einen scharfen Spaten und eine scharfe Gartenschere. Gut durch Teilung zu vermehren sind Polster bildende Stauden und Gräser, sowie Rhizom bildende Pflanzen wie Iris und Ausläufer treibende und Kindl bildende Pflanzen wie Immergrün.

Polsterstauden vermehren

Vermehren Sie polsterbildende Stauden wie die Fette Henne, indem Sie diese mit dem Spaten vorsichtig aus der Erde nehmen und einfach auseinander reißen. Sollte dies wegen zu starker Verwurzelung nicht möglich sein, können Sie die Teilung mit dem Spaten durchführen. Setzen Sie die Pflanzen danach gleich wieder ein und vergessen Sie nicht zu gießen. Sollte es zur Zeit der Teilung sehr heiß sein, können Sie die geteilten Pflanzen mit einer durchsichtigen Folie abdecken, um die Luftfeuchtigkeit um die Pflanze zu erhöhen und Welkeschäden zu vermeiden. Entfernen Sie diese Plastikhaube wieder, sobald die Pflanze angewurzelt ist, also spätestens nach ein paar Tagen.

Rhizom bildende Pflanzen vermehren

Stauden, die Rhizome bilden wie die Schwertlilie, vermehrt man, indem man die Pflanzen zunächst mittels Spaten aus der Erde sticht, von Erde befreit und dann die Rhizome an den Stellen, an denen diese sich verzweigen, abbricht. Mit einem scharfem Messer oder einer Gartenschere kann man die Bruchstelle nachschneiden, damit eine glatte Wunde entsteht, die besser verheilen kann. Kürzen Sie die Blätter und Wurzeln um ca. ein Drittel ein und pflanzen Sie die Rhizome gleich wieder in die Erde.

Rhizombildner speichern Wasser und verlieren weniger Wasser über die Blätter, daher müssen sie nicht mit Folie bedeckt werden.

Vermehrung von Ausläufer treibenden Pflanzen

Am einfachsten und schnellsten geht die Vermehrung bei Pflanzen, die Kindl oder Ausläufer bilden, wie das Immergrün, oder die Erdbeere. Hier braucht man nur diese Ausläufer abzuschneiden, sobald diese Wurzeln gebildet haben und kann die kleinen Kindl sofort wieder in die Erde setzen. Haben die Kindl noch keine stärkeren Wurzeln gebildet, empfiehlt sich ebenfalls die Abdeckung mit einer lichtdurchlässigen Folie, da die Pflanzen noch zu wenig Wasser über die Wurzeln aufnehmen können.

Vermehrung durch Stecklinge

Stauden, welche keine Ausläufer, Rhizome, oder Pölster bilden, wie der Salbei, werden durch Stecklinge vermehrt. Schneiden Sie hierfür rund 3–5 cm lange Triebspitzen ab und setzten Sie sie in ein Gemisch aus Kompost und Gartenerde (50:50), oder Sand, Diese Mischung kommt in ein Vermehrungsbeet, oder in Kisten, welche Sie mit durchsichtiger Folie abdecken sollten. Am besten eignet sich ein Folienhaus oder Folientunnel. Halten Sie die Stecklinge stets feucht, aber nicht zu nass, um Fäulnis und Schimmelbildung zu vermeiden. Sollten sich Welkeerscheinungen zeigen, besprühen Sie die Pflanzen vorsichtig. Je nach Pflanze und Bodentemperatur werden die Stecklinge in ein bis zwei Wochen Wurzeln ausbilden. Die optimaleTemperatur liegt zwischen 20 und 25° C. Nach vier Wochen können diese dann in Töpfe gesetzt werden, sollten aber noch unter der Folie verbleiben. Sobald die Stecklinge gut bewurzelt sind, können die Pflanzenkinder bedenkenlos ins Freie gesetzt werden.

Schnelle Stauden

Nachfolgend finden Sie ausdauernde Stauden, die sich gegenüber anderen Stauden durch schnellere Entwicklung auszeichnen. Beschleunigen können Sie das Wachstum zusätzlich durch Rücksichtnahme auf die Standortbedingungen und gute Nährstoffversorgung.

Schnelle Stauden

Pflanzenname	Blütenfarbe	Blütezeit	Höhe in cm	Standort
Akelei *(Aquilegia vulgaris)*	blauweiß	Mai–Juni	50	halbschattig
Alant (*Inula* spp.)	gelb	Juli–Sept.	40–200	sonnig
Asternarten und Sorten (*Aster* spp.)	blau, rosa	Juni–Nov.	40–150	sonnig
Blutweiderich *(Lythrum salicaria)*	karminrot	Juli–Sept.	80–100	sonnig, feucht
Ehrenpreis (*Veronica* spp.)	blau	Mai–Aug.	20–80	sonnig–halbschattig
Edeldistel (*Eryngium* spp.)	blau	Juli–Sept.	30–100	sonnig, trocken
Färberkamille *(Anthemis tinctoria)*	gelb	Juni–Sept.	40	sonnig, trocken
Fetthenne (*Sedum* spp.)	gelb, rosa	Mai–Okt.	15–60	sonnig, trocken
Fingerkraut (*Potentilla* spp.)	gelb, orange	Mai–Aug.	10–50	sonnig, trocken
Flockenblumen (*Centaurea* spp.)	lila	Juni–Aug.	40–80	sonnig
Frauenmantel *(Alchemilla mollis)*	gelb	Juni–Juli	30	sonnig, halbschattig
Golderdbeere *(Waldsteinia ternata)*	gelb	April–Mai	25	schattig

Pflanzenname	Blütenfarbe	Blütezeit	Höhe in cm	Standort
Goldranunkel *(Ranunculus acris)*	gelb	Mai–Aug	70	sonnig–halbschattig
Goldrute *(Solidago virgaurea)*	gelb	Juli–Okt.	40–80	sonnig, trocken
Glockenblumen (*Campanula* spp.)	blau	Juni–Sept.	20–100	sonnig
Günsel *(Ajuga reptans)*	lilablau	Mai–Juni	15	sonnig, trocken
Heidenelke *(Dianthus deltoides)*	rosa	Juli–Sept.	15	sonnig
Immergrün *(Vinca minor)*	blau	April–Mai	15	schattig-halbschattig
Island-Mohn *(Papaver nudicaule)*	rot	Juni–Sept.	50	sonnig
Jakobsleiter *(Polemonium caeruleum)*	blau	Juni–Juli	60	sonnig–halbschattig
Knöterich *(Polygonum affine)*	weiß, rosa	Juni–Sept.	30–100	sonnig, humos
Königskerze *(Verbascum spp.)*	gelb, rosa	Juni–Sept.	60–200	sonnig, trocken
Leinkraut *(Linaria vulgaris)*	gelb	Juli–Okt.	70	sonnig
Lein (*Linum* spp.)	blau	Juni–Aug.	60	sonnig–schattig
Lungenkraut *(Pulmonaria officinalis)*	lila, blau	März–Mai	20–50	halbschattig
Malven (*Malva* spp.)	rosa, weiß	Juni–Okt.	50	sonnig
Melisse *(Melissa officinalis)*	weiß	Juli–Aug.	20–80	sonnig–schattig
Minze (*Mentha* spp.)	rosa	Juni–Aug.	50–100	sonnig–halbschattig, feucht
Nelkenwurz (*Geum* spp.)	gelb, orange	Mai–Juli	20–40	halbschattig, humos
Ochsenauge *(Buphthalmum salicifolium)*	gelb	Juni–Sept.	50	sonnig
Odermennig *(Agrimonia eupatoria)*	gelb	Juni–Aug.	40–50	sonnig–halbschattig
Pfeilkraut *(Sagittaria sagittifolia)*	weiß	Juni–Juli	50	sonnig–halbschattig
Prachtlobelie *(Lobelia speciosa)*	rot, violet,	Juli–Sept.	70	sonnig, halbschattig
Raketenblume *(Kniphofia uvaria)*	orange	Mai–April	70	sonnig
Rittersporn (*Delphinium* spp.)	blau, weiß	Mai–Juli	100	sonnig
Rote Scharfgarbe *(Achillea millefolium)*	dunkelrot	Juni–Sept.	60	sonnig, trocken
Resede *(Reseda odorata)*	gelblich-grün	Juni–Sept.	25	sonnig
Salbei *(Salvia officinalis)*	blau	Mai–Okt.	40–80	sonnig
Samtnelke *(Lychnis coronaria)*	karminrot	Juni–Aug.	60	sonnig
Seifenkraut *(Saponaria officinalis)*	rosa	Mai–Sept.	30–80	sonnig
Sonnenröschen (*Helianthemum* spp.)	gelb, orange	Mai–Aug	20	sonnig
Steinkraut *(Alyssum saxatile)*	gelb	April–Mai	15	sonnig, trocken
Sternmoos *(Sagina subulata)*	weiß	Juni–Aug.	5	sonnig
Storchschnabel (*Geranium* spp.)	lila, rosa, weiß	Juni–Okt.	20–60	sonnig–halbschattig
Thymian *(Thymus vulgaris)*	rosa, weiß	Mai–Sept.	5-20	sonnig, trocken
Trollblume *(Trollius europaeus)*	gelb	Mai–Juni	60	sonnig–halbschattig
Wallwurz *(Symphytum grandiflorum)*	gelb	Mai–Juni	40	halbschattig, schattig
Wasserdost *(Eupatorium cannabinum)*	rosa, weiß	Juli–Okt.	60–200	sonnig
Weidenröschen *(Epilobium angustifolium)*	rosa	Juli–Sept.	100	sonnig, humos
Wolfsmilch *(Euphorbia polychroma)*	gelb	Mai–Juli	40	sonnig

Zwiebel- und Knollenpflanzen

Mit vor allem im Frühjahr blühenden Pflanzen können Sie sehr schnell und zeitig im Jahr Farbe in den Garten zaubern. Später im Jahr blühende Zwiebel- und Knollenpflanzen eignen sich besonders gut, um Akzente in Bodendeckerflächen, Rasen und Strauchgruppen zu setzen. Sie sind unproblematisch in der Anzucht und benötigen absolut keine Pflege. Beste Pflanzzeit ist der Herbst. Als Regel gilt, dass die Zwiebel/Knolle etwa dreimal so tief in den Boden gesetzt werden soll, als diese selbst groß ist. Manche Knollenpflanzen wie der Lauch oder die Kaiserkrone werden sogar zur Bekämpfung von Krankheiten und zur Vertreibung von Schädlingen wie der Wühlmaus eingesetzt. Einmal gesetzt, kann man diese Pflanzen ruhig verwildern lassen, denn je länger diese im Boden verbleiben, desto mehr Pflanzen entwickeln sich.

TIPP **Pflanzen Sie Zwiebel- und Knollenpflanzen immer in Gruppen zu mindestens sieben Stück, das sieht hübscher aus und bringt rascher Farbe in den Garten.**

Nichts übertrifft Tulpenblüten an Leuchtkraft.

Schnelle Blüte im Garten

Pflanzenname	Blütenfarbe	Blütezeit	Standort
Frühlings-Alpenveilchen *(Cyclamen coum)*	rosa	Feb.–April	sonnig, Kalkboden
Glocken-Blaustern *(Scilla hispanica)*	blau	März–April	sonnig-schattig
Herbstzeitlose *(Colchicum autumnale)*	weiß, rosa	Sept.–Okt.	sonnig-halbschattig
Kaiserkrone *(Fritillaria imperialis)*	orange, gelb	März–Mai	sonnig
Krokus *(Crocus tommasinianus)*	hellviolett	Feb.–April	sonnig, humos
Madonnenlilie *(Lilium candidum)*	weiß	Juli–Aug	sonnig-halbschattig
Milchstern *(Ornithogalum nutans)*	weiß	März–April	sonnig-halbschattig
Narzissen *(Narcissus poeticus)*	weiß/orange, gelb	März–April	sonnig
Schneeglöckchen *(Galanthus nivalis)*	weiß	Feb.–März	sonnig-schattig
Sommer-Knotenblume *(Leucojum aestivum)*	weiß	Mai–Juli	sonnig-halbschattig
Traubenhyazinthe *(Muscari racemosum)*	blau	Feb.–März	sonnig
Tulpen (*Tulipa* spp.)	alle Farben	März–Mai	sonnig
Winterling *(Eranthis hyemalis)*	gelb	Feb.–März	sonnig, humos
Zwerg-Schwertlilie *(Iris pumila)*	weiß, blau, lila	Feb.–März	sonnig

Winterharte Zwiebel- und Knollenpflanzen sind relativ anspruchslos, benötigen aber im Frühjahr ausreichend Feuchtigkeit um anzutreiben. Damit die Zwiebeln nach der Blüte und dem Einziehen der Triebe reifen können, ist ein eher trockener Boden erforderlich. Staunässe bewirkt, dass die unterirdischen Organe verfaulen. Zwiebel- und Knollenpflanzen gibt es in den verschiedensten Farben und Formen. Charakteristisch für sie ist, dass sie nur eine Jahreszeit blühen und die übrige Zeit bis zum Wiederaustreiben ruhen. Den Beginn im Frühling machen Schneeglöckchen, Krokusse, Tulpen und Narzissen, dann kommen im Sommer Iris, Lilien, Dahlien und Gladiolen dazu. Beendet wird der Blütenreigen mit den blasslilafarbigen Herbstzeitlosen.

Botanisch unterscheidet man zwischen Knollen- und Zwiebelpflanzen. In der Zwiebel geschützt liegt der Zwiebelkern, in dem Blätter, Stängel und Blüten schon angelegt sind. Dieser wird von Nährstoffen enthaltenden Schalen in mehreren Lagen umhüllt.

Knollen sind einfacher im Aufbau, bei ihnen handelt es sich um Speicherorgane, in denen all das enthalten ist, was die Pflanze zum Leben benötigt.

Nicht winterharte Knollen wie Dahlien und Gladiolen muss man im Herbst vor dem ersten Frost rechtzeitig ausgraben, am besten wenn das Laub schon eingezogen hat. Sollten noch Blattreste vorhanden sein, nicht abschneiden, sondern abtrocknen lassen. Kontrollieren Sie die Knollen sorgfältig auf Beschädigungen und lagern Sie sie trocken, dunkel und kühl (bei ca. 5–15 °C). Im Winter sieht man die Knollen mehrmals durch und entfernt faulige oder schimmlige Stellen. Nach dem ersten Frost kommen die Pflanzen wieder in den Garten.

Gehölze

In Stauden und Sommerblumenbeete gepflanzte Gehölze schaffen Blickpunkte und verstärken die räumliche Wirkung im Garten. Gehölze wirken aber auch als Einzelpflanzen, als sogenannte Solitärpflanzen und lassen sich auch ebenfalls als Schutzpflanzen verwenden. Heimische Gehölze sind winterhart und an das lokale Klima angepasst, d. h. sie wachsen besser und schneller als Exoten und sind widerstandsfähiger gegen Krankheiten und Schädlinge. Zudem werden sie auch als Futter- und Brutpflanzen von Vögeln und anderen Nützlingen angenommen. Zahlreiche Singvögel finden in den dichten Laubvorhängen optimalen Schutz vor Feinden, Wind und Wetter. Heimische Gehölze bieten zudem auch ausreichend Nahrung für deren Nachkommen. In naturnahen Gehölzpflanzungen finden sich nachweislich mehr als 20mal mehr Vogelarten als in solche, die aus Nadelgehölzen und Neophyten (eingebürgerten Pflanzen) bestehen. Nachfolgend einige Beispiele für dekorative Gehölze, die rasch wirken.

TIPP **Pflanzen Sie Gehölze mit Fruchtschmuck, diese eignen sich auch bestens für den Schnitt und als Zimmerdekoration.**

Schnelle Gehölze

Pflanzenname	Blütenfarbe	Blütezeit	Besonderes
Bartblume *(Caryopteris clandonensis)*	blau	Aug–Sept.	grau-blaues, duftendes Laub
Besenginster *(Cytisus scoparius)*	gelb	April–Mai	überhängender Wuchs
Felsenbirne *(Amelanchier ovalis)*	weiß	April	Herbstfärbung, Fruchtschmuck
Hundsrose *(Rosa canina)*	rosa	Juli–Sept.	Hagebutten
Kornelkirsche *(Cornus mas)*	gelb	Feb.–April	gelbe Früchte; Laub
Mahonie *(Mahonia × media)*	gelb	Feb.–April	immergrüne Blätter, schattig-halbschattig
Sal-Weide *(Salix caprea)*	gelb	Feb.–März	Kätzchen, Herbstfärbung
Sanddorn *(Hippophae rhamnoides)*	gelb	April–Mai	duftet, grau-blaues Laub
Winter-Heide *(Erica carnea)*	weiß, rosa, violett	Dez.–April	Blüten, Laub
Winter-Jasmin *(Jasminum nudiflorum)*	gelb	Dez.–April	Winterblüte, Schlinger
Wolliger Schneeball *(Viburnum lantana)*	weiß	Mai–Juni	Fruchtschmuck

Infos & Adressen

Der Trend naturnahe Gärten anzulegen, nachhaltig zu wirtschaften und mehr auf biologische Produktion Wert zu legen, ist ungebremst und stark im Zunehmen.

Einige Vereine, aber auch Gewerbebetriebe haben sich der biologischen Produktion und Erhaltung von heimischen Wildgehölzen und wertvollen, bodenständigen Sorten verschrieben. Nachfolgend finden Sie einige wertvolle Adressen und Weblinks zu diesem Thema.

Saatgut und Pflanzen

Baumschule Artner, A-3972 Bad Großpertholz, (+43) 2857/2970, artner@biobaumschule.at, www.artner.biobaumschule.at

Baumschule Hergesell, A-3730 Grafenberg, (+43) 2984/3455, baumschule.hergesell@aon.at

Dr. Marlies Ortner, BIO ERNTE AUSTRIA, A-8510 Stainz, und Stiftsgärten St. Georgen am Längsee, A-9313 St. Georgen am Längsee, Tel. (+43) 3463/4384, sunshine@therapiegarten.at, www.therapiegarten.at

Reinsaat Emmelmann GnbR, A-3572 St. Leonhard am Hornerwald, (+43) 2987/2347

Verein Arche Noah, A-3553 Schloß Schiltern, Obere Straße 40, Tel. (+43) 2734/8626, info@arche-noah.at, www.arche-noah.at

Verein Regionale Gehölzvermehrung – RGV, Zeile 85, A-2020 Aspersdorf, office@rgv.or.at, www.rgv.or.at

Voitsauer Wildblumensamen, DI Karin Böhmer und Astrid Dengscherz, A-3623 Voitsau 8, Tel. (+43) 2873/7306, wildblumensaatgut@utanet.at, www.wildblumensaatgut.at

Webtipps

www.gartenberatung.co.at
Gartentipps allgemein, sowie zahlreiche Verlinkungen und Verzeichnis von Gartenberatern in Ihrer Nähe

www.kraftplatz.co.at
Homepage des Autors

www.oekoadressen.de
Verzeichnis von Lieferanten in Deutschland

Literatur

Brooks, John:
Der Garten Sinnvoll geplant – Richtig angelegt
Bechtermünz Verlag,
Augsburg 1996.

Göritz, Hermann:
Laub- und Nadelgehölze für Garten und Landschaft
VEB Deutscher Landwirtschaftsverlag,
Hannover 1986.

Krüssmann, Gerd:
Taschenbuch der Gehölzverwendung
Parerga Verlag für Wissenschaft und Politik,
Berlin 1992.

Kubik, Christian:
Gärten ohne Gift
avBUCH, Wien 2007.

Ortner, Marlies, Zachl, Erwin:
Permakultur-Gärten sind anders
Eigenverlag, Steyr 2006.

Richberg, Inga-Maria:
Altes Gärtnerwissen
BLV, München 2004.

Register

IMPRESSUM

Die Deutsche Bibliothek – CIP-Einheitsaufnahme
Die Deutsche Bibliothek verzeichnet diese Publikation in der Deutschen Nationalbibliografie; detaillierte bibliografische Daten sind im Internet über http://dnb.ddb.de abrufbar.

PROJEKTLEITUNG: Claudia Stoifl, avBUCH
REDAKTION: Claudia Cech, Wien
UMSCHLAG: Ravenstein + Partner, Verden
SATZ UND BILDREPRODUKTION: Hantsch & Jesch PrePress Services OEG, Leopoldsdorf bei Wien

DRUCK UND BINDUNG: Landesverlag Denkmayr, Linz
Printed in Austria

ISBN: 978-3-7040-2231-8

Bildquellen

Umschlag und Inhalt: Thinschmidt A. , Böswirth D.
(www.gartenfoto.at)